重塑杏仁核

情绪修复脑科学

[美]凯瑟琳·M. 皮特曼 著
（Catherine M. Pittman）

王羽青 黄金德 译

TAMING YOUR AMYGDALA

中国科学技术出版社
·北京·

TAMING YOUR AMYGDALA: BRAIN-BASED STRATEGIES TO QUIET THE ANXIOUS MIND by CATHERINE M. PITTMAN
Copyright © 2022 BY CATHERINE M. PITTMAN
This edition arranged with PESI Publishing c/o SUSAN SCHULMAN LITERARY AGENCY, LLC through BIG APPLE AGENCY, INC., LABUAN, MALAYSIA.
Simplified Chinese edition copyright: 2024 China Science and Technology Press Co., Ltd.
All rights reserved.
北京市版权局著作权合同登记　图字：01-2024-2266

图书在版编目（CIP）数据

重塑杏仁核：情绪修复脑科学 /（美）凯瑟琳·M.皮特曼（Catherine M. Pittman）著；王羽青，黄金德译. -- 北京：中国科学技术出版社，2024.6（2025.9 重印）
书名原文：Taming Your Amygdala: Brain-Based Strategies to Quiet the Anxious Mind
ISBN 978-7-5236-0592-9

Ⅰ.①重… Ⅱ.①凯… ②王… ③黄… Ⅲ.①情绪—自我控制 Ⅳ.① B842.6

中国国家版本馆 CIP 数据核字（2024）第 066177 号

策划编辑	任长玉　徐　瑾	责任编辑	童媛媛
封面设计	仙境设计	版式设计	蚂蚁设计
责任校对	邓雪梅	责任印制	李晓霖

出　　版	中国科学技术出版社
发　　行	中国科学技术出版社有限公司
地　　址	北京市海淀区中关村南大街 16 号
邮　　编	100081
发行电话	010-62173865
传　　真	010-62173081
网　　址	http://www.cspbooks.com.cn

开　　本	880mm×1230mm　1/32
字　　数	143 千字
印　　张	7.375
版　　次	2024 年 6 月第 1 版
印　　次	2025 年 9 月第 8 次印刷
印　　刷	大厂回族自治县彩虹印刷有限公司
书　　号	ISBN 978-7-5236-0592-9 / B・173
定　　价	69.00 元

（凡购买本社图书，如有缺页、倒页、脱页者，本社销售中心负责调换）

目　录

第一章　理解焦虑　…　001
　　　　　测定焦虑　…　004

第二章　认识杏仁核　…　011
　　　　　每个杏仁核都一样吗？　…　015
　　　　　怎样才能对杏仁核产生更大的影响？　…　016

第三章　设定目标：回归生活的第一招　…　019
　　　　　焦虑对日常生活的影响　…　020
　　　　　焦虑对人际关系的影响　…　024
　　　　　焦虑对职业生涯的影响　…　029
　　　　　从杏仁核手中夺回对生活的控制权　…　031

第四章　大脑焦虑的两种途径　…　037
　　　　　大脑皮层和丘脑的作用　…　039
　　　　　杏仁核通道　…　041

　　　　　皮层通道　⋯　042
　　　　　两种途径都在起作用　⋯　044

第五章　杏仁核的语言　⋯　051
　　　　　杏仁核是如何与你沟通的？　⋯　052
　　　　　检查你自己的防御反应　⋯　057
　　　　　你可以如何与杏仁核沟通？　⋯　060

第六章　如何让杏仁核平静下来？　⋯　069
　　　　　深呼吸　⋯　070
　　　　　通过想象放松　⋯　072
　　　　　渐进式肌肉放松　⋯　073
　　　　　在日常生活中何时使用这些镇静技巧？　⋯　075

第七章　睡眠如何影响你的杏仁核？　⋯　087
　　　　　怎样的睡眠能让杏仁核保持平静？　⋯　089
　　　　　健康睡眠清单　⋯　092
　　　　　助眠药效果如何？　⋯　101
　　　　　获得健康睡眠　⋯　103

第八章　运动和饮食如何影响杏仁核？　⋯　107
　　　　　运动如何影响你的杏仁核？　⋯　108

饮食如何影响你的杏仁核？ ⋯ 111

第九章 杏仁核如何制造触发点？ ⋯ **125**
理解触发点 ⋯ 127
绘制触发点图表 ⋯ 131
识别阻碍你达成目标的因素 ⋯ 137

第十章 用暴露法教杏仁核 ⋯ **145**
先选择一个触发点 ⋯ 151
告诉杏仁核触发点是安全的 ⋯ 152
暴露指南 ⋯ 154

第十一章 大脑皮层如何激活杏仁核？ ⋯ **169**
大脑皮层对杏仁核激活的影响 ⋯ 173
你的焦虑经常产生于大脑皮层吗？ ⋯ 176
认知疗法与大脑皮层 ⋯ 178
大脑皮层中的解读 ⋯ 179
焦虑频道 ⋯ 182
杏仁核如何影响大脑皮层？ ⋯ 183
在你的大脑皮层中做出改变 ⋯ 184

第十二章　识别激活杏仁核的想法 ⋯ 189
　　　　　评估你自己的思考模式 ⋯ 192
　　　　　追踪激活杏仁核的想法 ⋯ 206
　　　　　对抗激活杏仁核的思想 ⋯ 207

第十三章　如何正确地使用焦虑？ ⋯ 213
　　　　　焦虑的演变过程 ⋯ 215
　　　　　评估焦虑 ⋯ 217
　　　　　控制住你的焦虑 ⋯ 220

结语　找回你的生活 ⋯ 227
致谢 ⋯ 229

CHAPTER 1

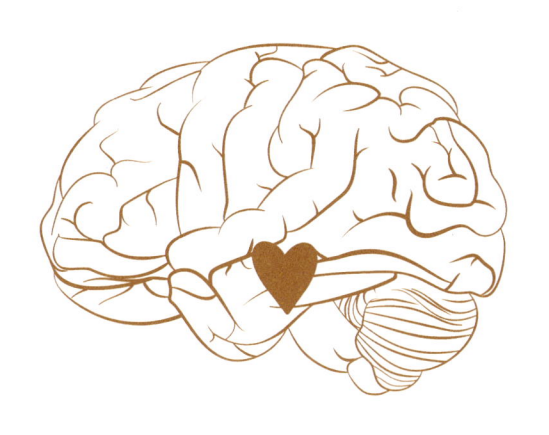

第一章

理解焦虑

每个人都经历过焦虑。但很少有人了解焦虑的真正本质，也很少有人了解它与我们大脑中的情绪生成机制之间的关系，此机制难以被我们觉察到，更遑论理解了。本书旨在帮助你更多地了解大脑中的这些影响因素，尤其是杏仁核。无论你患有创伤后应激障碍（PTSD）、强迫症（OCD）、恐惧症、泛化焦虑症，还是任何其他焦虑症，杏仁核都参与了你所经历的各种焦虑的生成过程。

当你遇到焦虑、恐慌或担心的问题时，其他人往往不理解你正在经历什么，连你自己都可能蒙在鼓里。焦虑可能是一种让人难以抗拒且令人困惑的经历。令人欣慰的是，与许多其他心理障碍相比，心理健康专家能帮助你更好地理解焦虑障碍。一旦你学会识别出你焦虑时所发生的事情，你也就知道该如何应对焦虑了。

本书将帮助你认识你的大脑和身体正经历的事情（以及为什么这些过程会发生）。有了这些知识，你就能更好地应对正在经历的事情。即使其他人告诉你，你的行为、感觉和想法没有意义，本书也能帮助你更好地认识它们。你才是起决定作用的人。当我的许多客户了解到大脑中的焦虑是如何产生的时候，他们都说："原来如此！"他们弄清楚正在发生的事情后，就会如释重负。但仅有认知是不够的，你还需要知道你能用这些知识做些什么。你可以改变大脑中产生焦虑的机制。为了实现这种改变，你需要采取一种新的方法来应对你的焦虑和担忧。这就是本书的必要性所在——它不仅能帮助你理解焦虑导致的困难，还能为你提供具体的方法和步骤来训练你的大脑以不同的方式做出反应。

你可以改变焦虑，这点毋庸置疑。我无法保证你的生活完全没有焦虑；任何健康的人都不可能百分之百没有焦虑和恐惧，而没有焦虑和恐惧并非好事。（从个人角度讲，我不想和没有焦虑的司机一起上路。）我能做的就是帮助你确定生活目标，并给你提供必要的方法，以确保焦虑和担心不会阻碍你实现这些目标。这正是本书将引导你完成的目标。你会更好地理解焦虑的意义和目的，并且学会如何有效地掌控焦虑。

许多人都熟悉"焦虑"这个词，但他们可能不知道它在人们生活中所有的表现形式——有些人会感到恶心，有些人会颤抖，有些人会头痛，有些人只想逃避。虽然我们每个人都有自己独特的焦虑体验，但我们焦虑的根源是相同的：杏仁核。这是我们大脑中控制焦虑或恐惧反应的部分。如果你想控制焦虑，你就要搞清楚大脑中最重要的部分——杏仁核。尽管杏仁核产生的反应是为了保护你，但这些反应可能不适合实际情况。这些反应大多会让你的身体准备好对抗，或逃离潜在的捕食者等威胁，但在 21 世纪，对抗和逃避往往是不合时宜的选择。幸运的是，焦虑或恐惧反应的某些方面是可以改变的。在本书中，你将学习各种驯服杏仁核的方法，从而改变你的焦虑。

测定焦虑

如果想改变焦虑，那么你可以采取的第一步就是对它进行测定。这样，你可以更好地认识焦虑，观察它是如何在不同的情况下发生变化的。在某些情况下，在某些日子里，它会变得更强。如果你跟踪它，你就能弄清它变化的原因，也会对焦虑的不同层面有更好的理解。测定你的焦虑，可以帮助你更好地意识到：当杏仁核激活焦虑或恐惧反应时，你的身体发生了什么。这将在以下方面对你有帮助：

1. 更多地了解你的特定焦虑症状可以帮助你对它们的反应实施管控。 焦虑被设计成一种不舒服且痛苦的经历，所以我们很容易下意识对它做出消极的反应。你可能没有注意到你背部和肩部的肌肉非常紧张，或者没有意识到你的头痛是由肌肉紧张造成的。你也可能误解了恶心的感觉，以为你生病了，而不是焦虑在作祟。若你意识到焦虑在生理方面的表现，你就能更好地控制自己对焦虑的反应，也会为控制焦虑反应本身提供更多机会。

2. **识别你的特定症状可以帮助你认识到它们背后的进化目的，并使它们正常化**。焦虑是进化上适应性防御反应的一部分，它的设计有一个重要目的：保护我们免受危险。防御反应（也被称为压力反应）保护我们的祖先免受野生动物或其他捕食者的威胁，促使他们逃离、对抗或躲避这些威胁。没有恐惧或忧虑的人存活的概率更小，确保他们的孩子能够存活的概率也更小。因此，现如今存活的人类很可能是此类人：受惊（而产生忧虑）之人而不是无忧无虑之人。

虽然在现代生活中我们面临的大多数关切并不相同，但我们都有一种内在的、能够产生焦虑的防御反应。对你所经历的症状有更多的认识将有助于你注意到焦虑反应对进化的好处，这些焦虑反应体现在你的症状中。例如，当你焦虑时，你的心脏可能会开始加速跳动。你要明白，这是杏仁核正在向手臂和腿部输送更多的血液来为身体逃跑做准备。尽管焦虑会令人痛苦，但这是人脑的正常运作。每个人都有某种程度的焦虑，我们的目标不是完全消除它，而是确保它不会妨碍到我们的正常生活。

3. **认识到你的焦虑在不同情况下是如何变化的，可以帮助你确定焦虑的触发因素，并确认其他有用的因素**。每个人的焦虑每天、每时、每刻都在变化。你可以通过反复测定你的焦虑症状，逐渐认识到焦虑与哪些触发因素有关，比如特定的声音、情况或想法。生活的某些方面，比如睡眠和锻炼，也会影响你的焦虑程度。你可能也会注意到焦虑可能会发生在一天中的特定时间。通过测定焦虑症状的频率和强度的波动，你可以意识到影响焦虑的各种因素。

在本章后，你会发现<u>工作表 1-1</u>，它可以让你快速评估你的焦虑。请每天完成几次，持续一周左右，以了解你是如何经历焦虑的。记住，没有人的焦虑感受会与你雷同。尽管焦虑有一些共同点，但每个人的感受是不同的。

你最好每天多次使用焦虑量表，养成记录每个分数采集的日期与时间的习惯。记录你完成量表时发生的事情也很有帮助，这样你就能更清楚地意识到引发你焦虑的原因。诸如此类的细节使记录更实用。你可能需要一本个人日记，这样你就有足够的空间记录你的焦虑分数（和其他有用的备注），或者你可以复制章后提供的<u>工作表 1-2</u>。

如果你对监测自己的焦虑不感兴趣，或者发现过多的评估会增加你的焦虑感，那么你保存此记录的时间不必超过一周。我鼓励你在完成本册的各种练习和使用各种工具后，定期重新进行该项评估。当你开始尝试不同的应对策略时，保留此记录，你将明白不同的应对策略是如何影响焦虑分值以及改善程度的，这样你就可以确定哪些方法最能有效缓解你的焦虑了。

工作表 1-1

评估你的焦虑程度

这项调查是汉密尔顿焦虑量表的改编版（Maier 等人，1988），你可以用它来评估你的焦虑程度并更好地了解你具体的焦虑症状。这项调查将焦虑分解为几个可能影响你的不同维度，将帮助你更加熟悉焦虑的不同方面。了解了焦虑，你也许不会再不知所措。有些症状可能会让你大吃一惊，因为你可能没有意识到它们与焦虑有关。

你可以使用以下量表来评估你目前焦虑的每个方面的强度。在调查结束时，将各个分数累加起来，就可以得到你目前焦虑程度的总体评分。

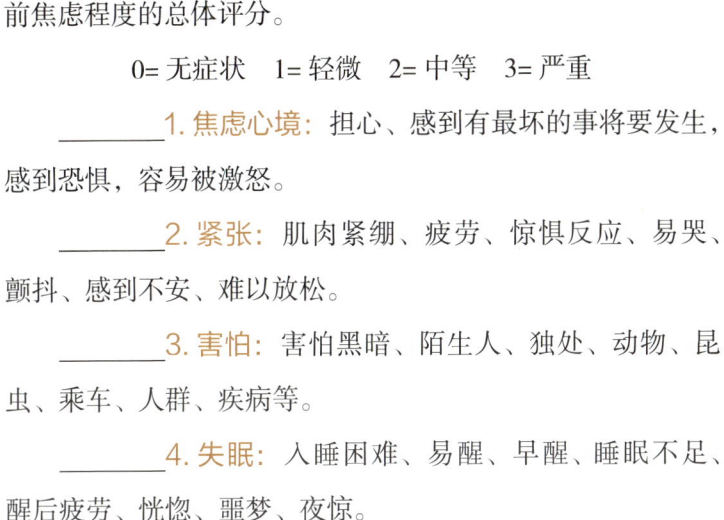

0= 无症状　1= 轻微　2= 中等　3= 严重

＿＿＿＿1. **焦虑心境**：担心、感到有最坏的事将要发生，感到恐惧，容易被激怒。

＿＿＿＿2. **紧张**：肌肉紧绷、疲劳、惊惧反应、易哭、颤抖、感到不安、难以放松。

＿＿＿＿3. **害怕**：害怕黑暗、陌生人、独处、动物、昆虫、乘车、人群、疾病等。

＿＿＿＿4. **失眠**：入睡困难、易醒、早醒、睡眠不足、醒后疲劳、恍惚、噩梦、夜惊。

_____ 5. **认知影响**：难以集中注意力、记忆力差。

_____ 6. **抑郁心境**：丧失兴趣、对爱好缺乏兴趣、难过、情绪麻木、早醒、晨重夜轻。

_____ 7. **躯体／肌肉症状**：疼痛酸痛、颤摇、僵硬、肌肉抽搐、磨牙、声音发抖、肌张力增高。

_____ 8. **躯体／感官症状**：耳鸣、视力模糊、发冷发热、虚弱无力、浑身刺痛、头晕、金属味。

_____ 9. **心血管症状**：心跳加快、心跳加重、心颤、心管跳动感、胸部疼痛、心跳脱落。

_____ 10. **呼吸系统症状**：胸部压迫收缩感、窒息感、叹息、呼吸困难、屏气倾向。

_____ 11. **胃肠道症状**：吞咽困难、腹痛、灼热感、腹部饱胀、恶心、呕吐、肠鸣、肠道不适、腹泻、体重减轻、便秘。

_____ 12. **泌尿生殖系统症状**：尿频、尿急、停经、月经量大或经期延长、高潮困难、早泄、性欲减退、维持勃起或射精困难。

_____ 13. **自主神经系统症状**：口干、潮红、苍白、盗汗、头晕、紧张性头痛、毛发竖起。

_____ 14. **行为**：坐立不安、烦躁或踱步、手抖、皱眉、神色不宁、叹息或呼吸急促、反复吞咽、回避。

现在，把这 14 项中的每一项分值加起来，你将得出当前情境/时间的焦虑总分：

你的焦虑分数说明了什么？	
0~13	轻微焦虑
14~21	轻度至中度焦虑
22~35	中度至重度焦虑
36~42	重度焦虑

工作表 1-2

每日焦虑记录

你可以使用此工作表来记录自己在一段时间内的焦虑分数和与焦虑相关的潜在触发因素。请务必使用"焦虑评级"工作表中的调查问卷来测算你每次焦虑的分值。

以下表格中的前两行是示例。你可以用一个空白模板来记录自己的焦虑分值。

日期	时间	焦虑分值	诱因或其他备注（当时发生了什么？）
10/25	晚上 7:30	14	与伴侣进行了一次艰难的谈话；预感到最糟糕的情况（分手）
10/26	上午 10:00	25	收到老板的电子邮件，说有一项意外的工作任务

CHAPTER 2

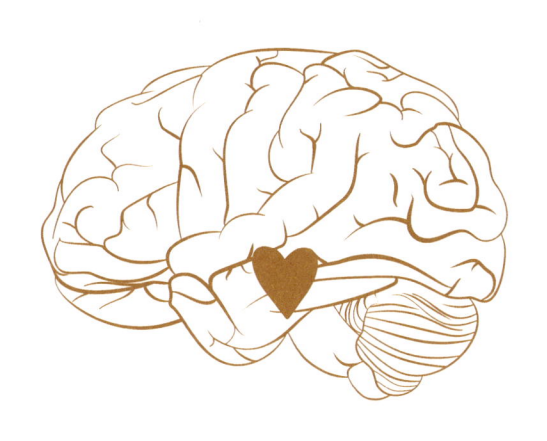

▼

第二章

认识杏仁核

大脑中发送信号产生焦虑的部分（杏仁核）很小，可置于掌中。杏仁核的大小和形状大致相当于一个杏仁。事实上，<u>杏仁核</u>（英文发音为"uh-MIG-da-la"）这个词源于希腊语中的杏仁。实际上，人有一对杏仁核，大脑两侧各一个。然而，传统上是以单数来指代这个成对的结构的，故在本书我将讨论"杏仁核"（单数）。

如果你想把自己（脑袋中）杏仁核（的位置）指给别人看，那你用右手食指对着右耳、左手食指对着右眼就可以了。这两根手指连线相交的位置大约就是你的右侧杏仁核在大脑中的位置。（你可以依葫芦画瓢指向左侧杏仁核，但要注意镜像是相反的。）杏仁核位于大脑深处，并与位于同一区域的一些非常有影响力的大脑结构有联系，如脑干、下丘脑、海马体和腹侧纹状体，以及影响大脑皮层的唤醒网络。大脑各区域之间的相互联系会引发杏仁核产生对恐惧的体验，这会在几分之一秒内改变你的情绪、思想、注意力和各种身体机能。

更重要的是，这些变化的发生不受人为控制，而且大多在意识之外。正是出于这个原因，我们经常说杏仁核有能力"劫持"大脑，控制我们的思维和感觉。这就能说明为什么我们经常不理解自己的情绪反应，以及为什么我们的情绪会

"失控"。如果我们了解了更多关于杏仁核功能的知识，我们就可以学习一些方法来影响它。

究其核心，杏仁核是大脑中一个小型但强大的组织，旨在帮助我们侦察、规避、防御危险，在危急关头幸免于难。（实际上，杏仁核的作用远不止这些，但我们将重点关注这些功能，因为它们与杏仁核产生焦虑的机制有关。）特别是，杏仁核负责启动预设防御反应，这种反应不仅人类会有，动物也会有。当其触发我们身体的这种内在反应时，我们通常将整个反应称为恐惧，因为恐惧是我们正在经历的情绪状态。但杏仁核产生的反应除了恐惧情绪外，还涉及我们身体的许多机制，包括抑制胃部活动、增加四肢的血流量、释放肾上腺素等。我们真正经历的是一种防御性的动机状态，是我们身体的一系列变化。这些变化促使我们准备采取自我保护的行动。

这种防御性的动机状态是产生焦虑的原因。这与恐惧的感觉非常相似。当我们可以确定一个明白无误、迫在眉睫的危险时，比如一只狗在狂吠，或者一辆汽车朝着过马路的行人疾驰而来，我们就可以用"恐惧"这个词来描述杏仁核产生的情绪。相比之下，不存在明显的危险，只存在潜在的未来威胁或负面结果的情况，例如，我们担心即将到来的考试或害怕第一次约会的尴尬对话，这一真实感受我们称为情绪焦虑。无论是感到恐惧、焦虑、害怕，还是类似的情绪，身体都处于杏仁核带来的那种防御状态，这种状态被称为迎战或逃跑反应。

这种预设防御反应存在一个问题：它旨在保护你免受一些危险，但在世界大部分地区这些危险已被成功消除。例如，在日常生活中，你被食肉动物吃掉的可能性很小。但是你的杏仁核仍然在警惕类似的危险。因此，当今世界的压力来源，比如难以偿还抵押贷款或与老板的潜在争论，仍然会引起杏仁核的防御反应，它想要帮助你对抗或逃避威胁。这就是你的心率加快、肌肉紧张的原因。这些反应通常对于我们没有多大帮助，因为它们与实际情境不符。你不能逃避抵押贷款，揍老板一顿也并非明智之举。防御反应可能偶尔会帮助我们逃避真正的身体危险。但在大多数情况下，它对我们没有益处。

你会逐渐意识到，杏仁核经常基于不正确或不充分的信息产生防御反应（包括恐惧或焦虑的感觉）。有一种观点认为，杏仁核的出发点是好的，但经常会产生不必要的焦虑。这是一个不愉快的过程。你可以学习如何更好地控制它，因为它对你的生活影响是如此之大。

每个杏仁核都一样吗？

现在你对杏仁核及其影响已有更多了解，你可能想知道不同的人是否有相同的杏仁核。是否有些人的杏仁核会反应得更强烈或更频繁地发挥作用？它会比一般人的杏仁核产生更多的焦虑和恐惧吗？答案是肯定的。我们已经发现一些人，甚至一些马、狗和老鼠，拥有更容易产生恐惧或焦虑的杏仁核。例如，与没有焦虑症的儿童相比，患有焦虑症的儿童在杏仁核上可以看出差异。这些差异往往在孩子出生的头几个月开始变得明显。我们注意到，这个时期，一些儿童更容易受到惊吓或感到恐惧。

研究表明，这些差异部分是遗传影响的结果。这意味着焦虑的困境往往源自家族遗传。因此，如果你与焦虑作斗争，那么你的其他家庭成员很可能也患有焦虑症，只是大家的表现方式可能不同。然而，正如你将在第九章和第十章即将了解到的，杏仁核能够学会做出不同的反应，所以与生俱来的杏仁核不一定能够决定你的命运。例如，许多害羞和焦虑的孩子长大后会成为优秀的公共演讲家和表演者。

基因遗传并不是人们感到焦虑的唯一原因。许多人在早期生活中似乎并不焦虑，但后来却会为焦虑所困。杏仁核能够学习这一事实也意味着，有些人的杏仁核相比以前学会了在更多情况下产生焦虑。杏仁核从我们具体的生活经历中学习，它对与负面事件相关的物体、情况和事件作出反应。例如，如果你出过车祸，你就可能会开始在开车时感到焦虑。突然间，焦虑在你生活中成为比以往更具限制性的因素。

当事件非常具有威胁性并被认为是创伤性的时候，杏仁核可能会受到更严重影响。在经历创伤之后，杏仁核会发生变化，即在一般情况下制造更多的焦虑，而不仅仅是在与创伤经历有关的情况下。但是，即使你的杏仁核可能已经学会产生更多焦虑，或者在它以前从未有过反应的情况下产生了焦虑，如果给它正确的"引导"，它也可以学会再次做出不同的反应。虽然你不能完全控制你所继承的大脑或所遇见的生活经历，但是你可以专注于探索方法来驯服你的杏仁核。你应该做自己生活的主人，而不应让杏仁核主宰生活。

怎样才能对杏仁核产生更大的影响？

你可以采用两种关键方法来影响杏仁核。首先，你可以聚焦日常事务，专注于改变杏仁核的总体反应水平。研究表明，日常事务对杏仁核反应有影响。换句话说，你可以采用一种让杏仁核总体上更平静的生活方式来驯服你的杏仁核。其次，你可以努力教杏仁核在特定情况下做出不同的反应，向其提供关于这些情况的新信息。这种方法叫作"接触"。大多数人发现，教杏仁核更具挑战性，因为此过程需要将杏仁核（和他们自己）置于通常感到焦虑的情况下。驯服杏仁核的最佳方式是将两种方法（安抚和教育杏仁核）结合起来。

第一种方法，即改变日常生活中的一些习惯，可能是开始驯服杏仁核的最佳途径。事实上，我将让你了解一些非常有用的信息，这些信息在过去15年左右才被发现：杏仁核的功能受到一些日常习惯的影响，你可以用很少的代价来改变这些习惯。它们对杏仁核有惊人的镇静效果。这些习惯包括睡眠、锻炼和饮食。当你开始改变这些习惯时，你会发现第二种方法，即引导杏仁核做出不同的反应会变得更容易，因为这时杏仁核更温和。

在本书的后半部分，我将更详细地指导你完成这两个步骤。在你开始改变杏仁核这一挑战性过程之前，重要的是要确保你有动力，并为你将要着手做的工作做好充分准备。下一章我将重点讨论你的生活目标。通常，人们想要驯服杏仁核的原因是他们觉得焦虑使其无法过上自己想要的生活。你必须明确自己希望在生活中达成什么目标，这样才能确定焦虑是如何干扰这些目标的。相信我，你可以用克服焦虑来实现目标。

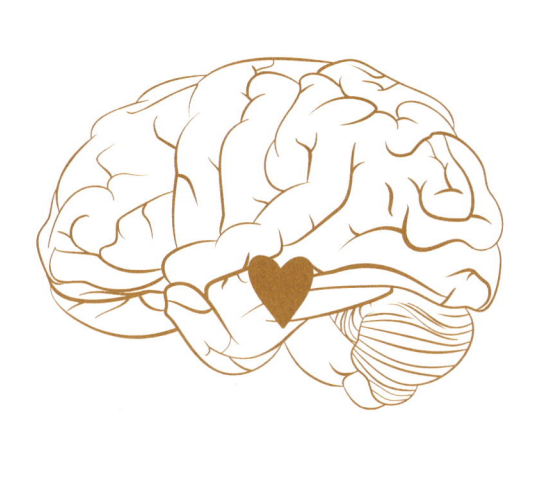

第三章
设定目标：回归生活的第一招

你知道消除所有的焦虑是不可能的。但是，我们能够操纵它。要做到这一点，你必须确定你的人生目标，并获得必要的工具，以确保焦虑和担忧不会阻碍你实现这些目标。在本章中，你将探索焦虑、紧张、担心、恐惧、警惕、害怕和恐慌的感觉是如何干扰你的生活目标的。尽管感到焦虑，你还是有机会选择你想实现的目标。你不必放弃生活目标，也不必让杏仁核来控制你的生活。

一个很好的开端是，好好思考一下日常生活。每天起床后，你是否对想做的事情有具体的想法？你会直接投入一天的活动中吗？也许你每天都会列一个清单，上面写着你应该做的事情，这些事情实际上是相当紧急的。无论如何有了目标，你对将做的事情都抱有一定的期望。有时这些日常目标会受阻于你的焦虑、担忧或恐慌。

焦虑对日常生活的影响

在本章中，你会发现一些提示，这些提示可以帮助你思考焦虑是如何干扰你生活的。你可以在以下这些页面上写下你的答案。如需加页,那你也可以使用另外的纸张或笔记本。对于每个提示,你可能会产生多个想法。

要不是感到焦虑,我想……

_____
_____
_____

焦虑和担心使我无法……

_____
_____
_____

因为焦虑和担心,我不去……

_____
_____
_____

感到焦虑时,我就会停止尝试……

_____
_____

你可能很难考虑想完成的日常目标，因为你一想到要做一些活动或处于某些情况下就会感到焦虑。你甚至可能发现，你想回避考虑这些情景。这是你的杏仁核最具限制性的一面：它使你停止思考潜在的目标，因为当你对某些活动有想法时，杏仁核就会制造焦虑。这种焦虑反应往往出现在创伤性事件之后。例如，你可能喜欢在当地商店购物，但在发生车祸后，因为驾驶带来的焦虑，你会发现自己很难开车去任何地方。结果，你可能再也不想购物了，因为那需要开车。

为了摆脱这种困境，明确你的目标，想想你过去在日常生活中做过什么，这样你就能确定是何种焦虑、恐惧、担忧或恐慌阻碍了你的思考。

在我有这样的焦虑问题之前，我曾经……

_____

_____

_____

_____

在这之前，我记得我曾经很喜欢……

_____

第三章 设定目标：回归生活的第一招

_____

_____

　　我的朋友们好奇为何我再也不……

_____

_____

_____

　　我真的很怀念能够……

_____

_____

_____

　　焦虑改变了我的生活，其中之一就是我再也不……

_____

_____

_____

　　现在回顾一下你所记录的内容，并开始确定一些你想要为之努力的人生目标。

　　我想在生活中努力实现的一些目标是……

_____

_____

_____

_____

焦虑对人际关系的影响

另一种确定焦虑如何束缚你的方法是：考虑你与家人、朋友以及同事的关系。在你的生活中，有什么事情是你想和别人一起做，却因为焦虑而无法完成的？什么类型的乐趣你没有参与？你曾经有过哪些类型的互动，现在却不想参与？在考虑这些问题时，你可能会发现，焦虑正以意想不到的方式影响着你的人际关系。

例如，在经历了一段混乱而吵吵闹闹的约会后，布列塔尼发现她不再喜欢与同事辩论，也不喜欢在与姐姐的争论中为自己辩护。现在只要有冲突的迹象，她就会感到焦虑，并不断担心会冒犯或激怒他人。同样，以乔为例，一群朋友邀请他出去玩，他拒绝了，因为他在松散的群体交往中会感到焦虑。乔错过了结交新朋友的机会，也错过了与为数不多的朋友共度时光的机会。

想想你与同事、家人和朋友的关系和互动是如何受到焦虑的影响的。记住,你可以对一个提示写下不止一个答案,尤其是当你对不同的人或不同的情况作出不同反应的时候。

虽然这不曾困扰我,但我发现自己很焦虑,当人们……

_____

_____

_____

我希望我能与他人这样做……

_____

_____

_____

我的焦虑干扰了我的人际关系,因为我不……

_____

_____

_____

当家人或朋友邀请我时,我希望我能……

_____

_____

_____

当我处于……时，我经常想说些什么，却不说。

如果不是因为我的焦虑，他人会看到我的所作所为……

我可以通过做或去……获得更多的乐趣。

我希望能够向_____说明或解释……

在恋爱关系中，我想……

_____

_____

_____

如果我能……，我与_____关系会更好。

_____

_____

_____

_____

焦虑使我无法参加或参与到……

_____

_____

_____

在人际关系中，我需要更多……

_____

_____

_____

_____

现在回顾一下你所记录的内容，并确认你为自己的人际关系所设定的目标、这些目标是否正受到焦虑的干扰。

和同事在一起，我希望能够……

_____

_____

_____

和伴侣在一起，我希望能够……

_____

_____

_____

和家人在一起，我希望能够……

_____

_____

_____

和朋友在一起，我希望能够……

_____

_____

_____

为了休闲娱乐，我希望能够……

_____

_____

_____

焦虑对职业生涯的影响

除了人际关系，焦虑可能会以各种方式影响你的职业生涯。例如，我有一名新客户想获得护理学位，但有一门必修课她老是逃课，因为（完成）这门课程需要做几次演讲，而她害怕公开演讲。这种焦虑甚至使她无法开始自己向往的事业。焦虑和担忧也会阻碍人们在已经枝繁叶茂的职业生涯中更上一层楼。由于焦虑，人们可能工作表现不良，或者难以及时完成任务。

你可以试着找出一些自己认为焦虑会阻碍工作的具体案例。

如果不是因为工作上的焦虑，我就会……

_____

_____

_____

如果我能够……，工作表现就会更好。

焦虑使我无法进步，因为我似乎无法……

焦虑通过……影响我的时间管理。

我的晋升有限，因为我曾有……的机会但拒绝了。

现在回顾你写的东西，看看焦虑在哪些地方干扰了你，并为自己确认一些工作目标。

在工作中，我希望能够……

_____

_____

_____

_____

从杏仁核手中夺回对生活的控制权

完成本章的提示后，你可以更清楚地认识到，焦虑是如何对你生活的某些方面产生负面影响的。重要的一点是，你要记住，杏仁核是在（与现代人）生活环境非常不同的原始人类中进化而来的，因此其反应并不总是适合你当下的生活。这就是为什么你需要确保是你自己的目标在指导你的生活，而非杏仁核产生的防御反应。现在是时候真诚地审视由于杏仁核产生的焦虑而无法追求或实现的目标了。探索如何从焦虑的限制性影响中夺回生活控制权的一个好方法就是：专注于具体目标。具体可参考章后<u>工作表 3-1</u>。

以这种方式列出你的目标并给它们打分，你就完成了重要的一步。你可能会注意到，仅仅想到自己的目标就会让你感到有些焦虑，所以当你克服焦虑去思考这些目标的时候，你要相信自己。你的生活应聚焦于自己的意愿，而不是受杏仁核支配，现在你正朝着这样的生活迈出第一步。你没让焦虑成为你前进的绊脚石。

现在，你可以选择首先要实现的目标了。当你回顾上一张表中的每个目标时，请考虑与之相关的焦虑程度。产生较少焦虑的目标更容易实现。事实上，当人们开始写下自己的目标时，他们有时会意识到自己对某个目标的焦虑程度很低，这足以让他们立即开始努力实现它。例如，维多利亚从一次差点溺水身亡的事故中恢复过来后，她写下了去湖边的目标，她意识到让她感到焦虑的实际上是在湖里游泳的目标。她给去湖边的焦虑程度打了 2 分，然后又增加了一个游泳的目标，她给这个目标打了 10 分。这一认识促使维多利亚制订了一个游湖计划。在她开始写下自己的目标并为其打分之前，她一直认为这是不可能实现的。

正如有些目标比较容易实现，因为它们引起的焦虑较少，另一些目标却很难实现，因为它们需要你经历更多的焦虑。焦虑从来都不是一件令人愉快的事，强迫自己经历这个过程的唯一原因是实现对你真正重要的目标。因此，我只要求我的客户在涉及对他们很重要的目标时，让自己经历焦虑。

例如，安吉洛害怕开车、乘公共汽车、坐火车或飞机，但对他来说最重要的情况就是开车。他很少乘坐公共汽车或火车，也很少有机会坐飞机。不会开车会影响他的生活，所以开车才是他要关注的目标。

请记住，消除你生活中的所有焦虑是不必要的、不健康的，也是不可能的。相反，驯服杏仁核的目的是让你掌控自己的生活，而你选择的目标将引导这一过程。这并不是说，一旦你明白如何克服焦虑的影响，或者如果你有了新的抱负，你就不能增加新的目标。例如，阿那亚在克服对于狗的恐惧这一点上毫无兴趣，直到她开始和瑞安约会，瑞安养了一只拉布拉多猎犬。有时，生活的变化会让你重新评估目标的重要性。

回顾你的目标清单，根据哪些目标对你最重要以及哪些目标最容易完成，决定从哪里开始。我建议一开始制定不超过三到四个目标。现在你已经准备好学会如何实现这些目标了。阅读（此文）时牢记你的目标。我们将在第九章回到你的具体目标清单。同时，接下来的两章将帮助你了解杏仁核在大脑中是如何产生焦虑的，因为这些知识对于掌握实现目标的有效策略至关重要。

工作表 3-1

重要的目标

这张工作表将帮助你为自己选择一些目标。你可以从两个不同的维度——重要程度和焦虑程度对这些目标进行评估，以确定你应该集中精力实现哪些目标。

首先，回顾一下你根据本章前面的提示写的目标，即你想在日常生活、人际关系和职业生涯中完成的事情。阐明目标的一个好方法是以"我想要做到"或"我希望能够"这样的词句开头。如果你发现自己写了很多目标，那也不要感到不知所措，要知道你只是把它们写下来，并没有承诺要实现所有这些目标，只是考虑各种可能性而已。

其次，用 1 到 10 的评分标准来评价每个目标的重要程度，给那些对你更有意义或好处的目标打高分。例如，约书亚的一个目标是更自在地与狗相处，另一个目标是在高速公路上更冷静、更自信地驾驶。他给与狗自在相处的重要程度打了 5 分，因为这个目标是为了偶尔去拜访一个养西伯利亚哈士奇的朋友。然而，他给自己在高速公路上驾驶的目标打了 9 分，因为对他来说，不再浪费时间每天沿着迂回的路线开车去上班更重要。你要确保用自己的视角来判断什么是重要的。虽然你可能会考虑别人希望你做什么，但应该最终判定哪些目标对你来说最有意义。

最后，使用 1 到 10 的评分标准来评估与每个目标相关的预期焦虑水平，分数越高说明焦虑水平越高。根据具体情况，如果你发现很难为某一特定目标的焦虑程度打分，那么你可以把它写成两个独立的目标。例如，约书亚下午上班，他在中午开车上班时感到非常焦虑，焦虑程度是 9 分或 10 分。但是，当他傍晚回家时，交通状况较好，他的焦虑程度只有 6 分。约书亚可以写下一个关于开车上班的目标，以及一个关于开车回家的目标。

目标的实现往往最好是在一个渐进或逐步的过程中完成，因此，每当你觉得某目标会因情况不同而产生不同程度的焦虑时，根据不同情况分别制定目标会更好。

目标 （我想要做到……或者 我希望能够……）	重要程度（1~10）	焦虑程度（1~10）

第四章

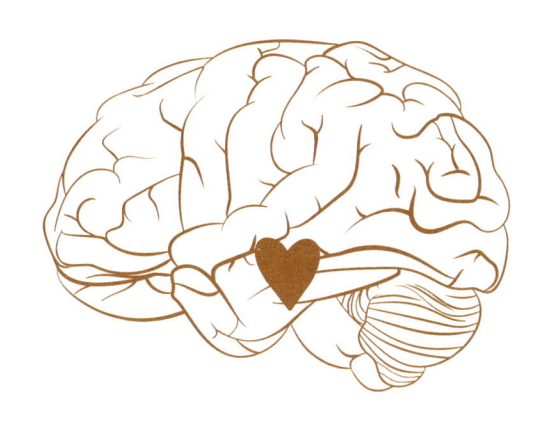

大脑焦虑的两种途径

你是否经历过在路上开车的时候，突然有一辆车或一只动物进入你前面的车道？在这种情况下，你的身体会发生非常迅速的变化。在你还没来得及思考前，你就已经做出行动了。也许你会紧握方向盘，快速转动肩膀，或者你可能会踩刹车。你的身体会立即做出反应让你避免灾难。你没有时间考虑该做什么，但你就是做了。你是否有过这种体验？你会记得判断（当时）最好的解决方法是什么吗？是你体内哪个部位决定这样做的？

这是杏仁核起作用的一个很好的例子。杏仁核旨在快速发现危险并帮助你做出反应。事情发生得太快了，事实上，经历过这样的情况后，你通常需要花一分钟的时间来弄清楚刚刚发生了什么。因为杏仁核比大脑皮层更早地控制了你的身体。在本章中，你将明白大脑与杏仁核相连，并受杏仁核控制。本章将介绍大脑中两种不同的焦虑途径——杏仁核途径和大脑皮层途径，并了解杏仁核在每种途径中所起的作用。

大脑皮层和丘脑的作用

也许当你读这篇文章的时候,你在听音乐或者听周围的声音,或者在享受着一杯茶或咖啡的美味和温暖。在日常生活中,所有来自感官的信息都必须经过大脑的处理。大脑中处理感官信息的部分是大脑皮层,通常简称为皮层。这是大脑中弯曲的灰色部分,它构成了大脑的顶部和最大的部分(图 4-1)。

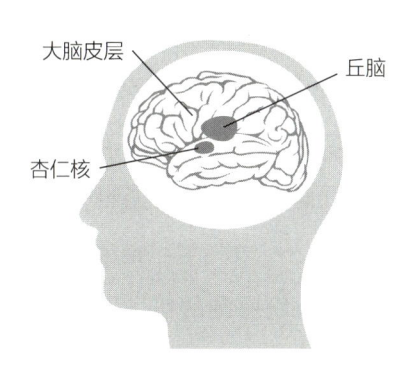

图 4-1 大脑皮层、杏仁核和丘脑

例如,当某样东西进入你的视野时,大脑皮层接收到来自眼睛的信息,神经系统会负责解读这些来自你眼睛的信号,之后,你才能看到它。具有讽刺意味的是,大脑皮层中处理眼睛所传递信息的部分位于后脑勺,这是一个(不方便的)远离眼睛的地方。因此,信息的传输需要一些时间,尽管这些时间不到一秒。

无论是来自你的眼睛，还是来自你的耳朵、指尖、脚底，甚至舌头，感觉信息都会通过神经通道到达丘脑——位于大脑中心深处的一个核桃状区域。丘脑就像中央车站，所有的感官通道都可以同时进入。丘脑的工作是将接收到的信息发送到大脑中处理这些信息的正确位置。

例如，在图 4-1 中，你可以看到来自眼睛的感觉信息被从丘脑发送到后脑的枕叶。你正在触摸的东西的信息从丘脑被发送到头顶的顶叶。来自耳朵的信息被发送到头部两侧的颞叶。你正在品尝的东西的信息被发送到大脑中心附近的味觉皮层。（丘脑唯一不参与的感觉是嗅觉，嗅觉会在嗅觉皮层中被处理。嗅觉皮层是大脑的一部分，位于鼻子后面，与杏仁核直接相连。这就是气味能唤起强烈的情绪的原因——它们直接到达杏仁核。）

丘脑也能把它从感官得到的信息直接发送到杏仁核，杏仁核位于相对靠近丘脑的地方。杏仁核获取信息的速度比大脑皮层快，这意味着你的杏仁核可以在你有意识地感知这些事物之前处理你所看到的、听到的、感觉到的和尝到的东西，因为你依靠大脑皮层来获取感官信息。回想一下前面的例子：当汽车或动物进入你前面的车道时，杏仁核可以在大脑皮层的枕叶接收到信息之前处理来自丘脑的视觉信息。也就是说，你的杏仁核比你先"看到"你面前的东西。

杏仁核通道

这种从感觉受体到丘脑,然后直接到杏仁核的快速通道,使杏仁核比大脑皮层更有优势。当你的大脑皮层处理来自感官的信息时,杏仁核能在几毫秒(千分之一秒)内引发你身体的几十个变化。你并不知道杏仁核看到了什么,它能处理的细节比大脑皮层要少得多,但它能更快地检测到潜在的危险。虽然大脑皮层的处理时间不到一秒钟,但它仍赶不上杏仁核的处理速度。这就说明了:有时候你需要一段时间才能完全意识到发生了什么,以及你在受到威胁后是如何处理的。我把这条从感觉器官到丘脑再到杏仁核的通道称为杏仁核连接焦虑的通道(图4-2)。这种快速通道的重点是采取防御行动。这种防御行动并不借助于收集详细信息或使用逻辑。

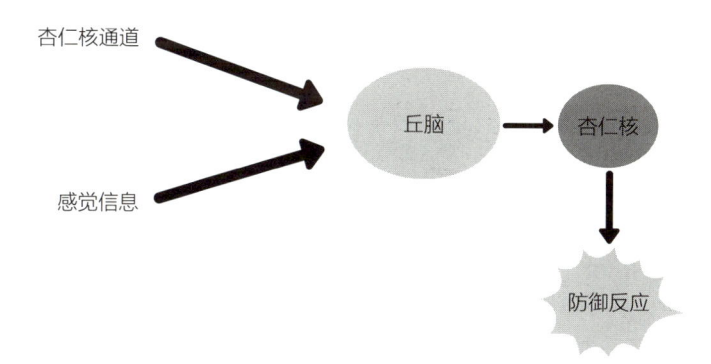

图4-2 杏仁核连接焦虑的通道

有些人把杏仁核的反应误认为是反射，但二者的原理并不相同。刺激引起神经冲动，神经冲动传递到脊髓，脊髓向肌肉发送直接信号，这才叫"反射"。每个反射的发生都不需要大脑参与，比如当触碰到烫的东西时，你会迅速把手缩回来。当你对高速公路上的危险情况做出反应时，你的大脑会参与其中，这才是杏仁核的反应。信息会从感觉器官传到丘脑，然后直接传到杏仁核。根据接收到的信息的性质，杏仁核可能会产生防御反应，这种反应会使你的身体产生许多变化，让你做好应对的准备，包括生理方面的准备——恐惧或焦虑。了解防御反应的性质和目的对理解和管理自身的焦虑是至关重要的，所以我们将在第五章对此作更详细的讨论。

皮层通道

杏仁核通道并不是我们大脑产生防御反应与恐惧和焦虑的唯一途径。大脑的第二条通道——我称之为焦虑的皮质通道，也能产生这些影响。如果你想在焦虑的情况下实现你的目标，那么了解这两个通道是很重要的。和杏仁核通道一样，在皮层通道中，首先信息会从感觉器官传到丘脑。但是，在此通道中，丘脑会将信息传递给大脑皮层。丘脑发送的感观信息是原始的、未经处理的，所以处理这些信息需要一些时间，这发生在大脑皮层的汇聚区。在这些区域中，皮层对我们所经历的感官信息产生了更为详细的感知。只有经过这一阶段的处理，我们才能有意识地知道我们所看到、听到、摸到和尝到的是什么。

大脑皮层使我们能够感知和解释信息的含义，并能用杏仁核无法做到的方式进行逻辑思考。特别是，大脑皮层可以阅读文字、解释复杂的概念、识别复杂的细节、检索与信息相关的记忆和知识。例如，如果你去拜访一个朋友，当你走进她的院子时，一只又大又黑的狗向你扑过来，杏仁核就会（让你）看到一只快速移动的、发出巨大声响的大型动物。相比之下，大脑皮层会识别出这是一只名叫麦克佛森的纽芬兰犬，它有流口水的倾向，喜欢人们抓它耳朵后面，它正在兴奋地吠叫，但此吠叫不是攻击性的。显然，大脑皮层能够比杏仁核更深入地处理感官体验。虽然这个过程比杏仁核的过程要长，但对于感知情况它能提供更为完整的信息。

然而，连接焦虑的大脑皮层通道并不局限于大脑皮层本身。导致恐惧和焦虑等情绪的防御反应是由杏仁核产生的；大脑皮层本身不能产生这些反应。因此，在大脑皮层处理了传入的感觉信息后，杏仁核也从大脑皮层获得了这些信息。这是因为这两个大脑区域之间存在神经连接，使得杏仁核能够监控大脑皮层的活动。当杏仁核感知到大脑皮层中的思想、图像或想法预示着危险时，它就会产生一种防御动机状态，包括恐惧或焦虑（图 4-3）。

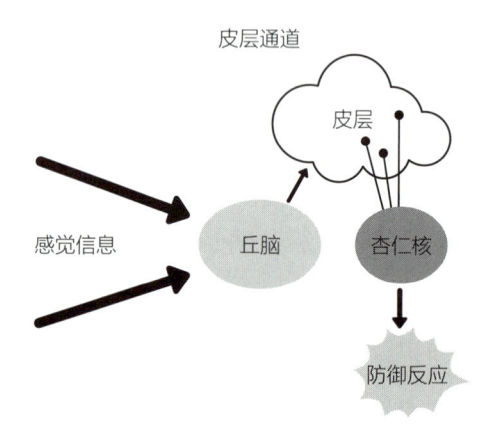

图 4-3　大脑皮层通道与杏仁核的防御反应

两种途径都在起作用

正如你所知道的，杏仁核是大脑中引起焦虑的两条独立通路的一部分。这些途径在不同的时间表上运作，并能提供不同程度的细节。杏仁核通道更快，因为它处理的是我们的感官传递的原始的、未经处理的信息。它没有获取我们所熟悉的信息：通过较慢的皮层途径获得的更详细的信息。如前所述，你无法感知杏仁核所感知的东西，因为信息没有被发送到大脑皮层。

为了更好地说明这一点，你可以试想一下一个患有皮质性失明的人。当一个人的眼睛非常健康，但由于枕叶损伤或功能障碍而不能处理视觉信息时，他就会出现这种情况。枕叶是大脑皮层中处理视觉信息的部分。当信息从眼睛传到皮层时，皮层没有发生什么活动，所以这个人看不见东西。但是皮质失明的人会表现出对运动的意识，他们声称自己能对看不见的东西做出惊吓反应。例如，如果某物体朝这个人而来，他们可能会躲避，但不知道自己为何这么做。这是因为来自眼睛的信息仍然由杏仁核处理。即使人没有意识到杏仁核在处理什么，杏仁核也可以根据人看不到的信息产生防御反应。

然而，通常情况下，杏仁核通道不是单独运作的，而是与皮质通道协同工作的。一个兄弟会的恶作剧可以帮助你理解这两种途径是如何共同运作的。丹尼尔的兄弟们决定跟他开个玩笑，把一个塑料玩具老鼠放在冰箱里，看丹尼尔的反应如何。当他们要求丹尼尔去拿些冰时，他打开冰柜，尖叫着向后跳，然后对他的兄弟们说了一串脏话。这些话在这里就不发表了。

这个恶作剧为什么能成功？当丹尼尔打开冰箱时，他的杏仁核在大脑皮层之前"看到"了这只塑料老鼠。这激活了杏仁核的防御反应，立即导致他的身体发生了各种变化。然而，在尖叫声完全消失之前，丹尼尔的大脑皮层完成了对视觉信息的处理，并识别出了重要的细节：这是一只塑料老鼠。

所以，丹尼尔立刻开始咒骂他的兄弟们。他没有从塑料老鼠面前离开，而是拿起它向他们扔了过去（图4-4）。

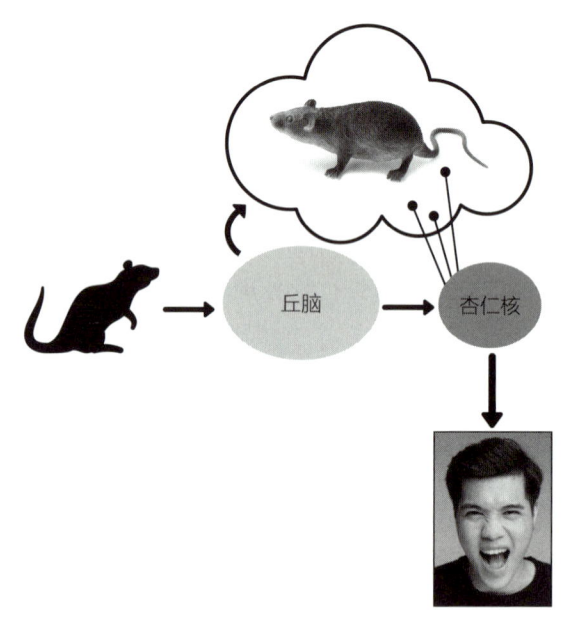

图 4-4　丹尼尔的反应

通过这个例子，你能理解杏仁核通道和皮层通道的运作吗？最开始杏仁核通道导致丹尼尔尖叫并向后跳，但随后（较慢的）皮层通道提供了新的、详细的信息，使他的大脑平静下来。在生活中，你能想出一些例子吗？杏仁核让你在惊恐或恐惧中做出反应，然后大脑皮层给了你更多正确的信息，让你如释重负地叹了一口气。如果有，那时你就正在体验这两种不同的通道。

如果丹尼尔诚实，他就会告诉你，即使在他认出那只老鼠是假的之后，他仍然会感到心跳加速、肌肉紧张、肾上腺素激增。即使杏仁核停止激活防御反应之后，身体也会发生无法取消的变化，需要几分钟才能恢复平静状态。

了解这两种通道可以帮助你认识到杏仁核在产生焦虑方面的重要性。杏仁核涉及你未意识到的过程，而且此过程你也无法控制，这就是为什么即使你的大脑皮层告诉你，焦虑没有逻辑意义，你还是会感到焦虑。现在，当你的杏仁核导致你肾上腺素激增、肌肉紧张、心跳加速时，你可以认识到这些感觉并不一定意味着你处于危险之中，尽管杏仁核的反应就好像你处于危险之中一样。你可以使用一些特定的策略来影响这些身体反应，使你的杏仁核平静下来，就像你将在第六章和第八章中学到的那样。

花点时间考虑一下以下情况。看看你是否能认出所描述的恐惧或焦虑过程是经由皮质通道还是杏仁核通道。这将有助于你记住哪条路更迅速、哪条路能更快地认识到细节。正确答案在本章的末尾。

是哪条通道？

1. 当玛拉听到身后的门开了，她的心怦怦直跳。她迅速转过身来。

2. 塔尼莎听到炉子上煮的燕麦片发出奇怪的声音，她意识到温度太高了，就把火关小了。

3. 当汤姆看到戴夫发来的消息"我们今天要去修整花园了吗？"时，他感到很紧张，因为他感到戴夫对他越来越不耐烦了。

4. 当佩德罗试图把他的保龄球放在壁橱的架子上时，听到它从架子上滚下来的声音，他迅速地跳开了。

5. 起初，朱迪并不担心街上有这么多汽车驶过，但几分钟后，她决定最好还是看看为什么这么多人开车离开这个社区。

6. 当比尔看到邮件里的信封是煤气公司寄来的时候，他的心一沉，因为他想起这个月账单还没付。

7. 考完试后，蕾切尔发现不仅自己的手指因为紧握铅笔而僵硬，而且肩膀的肉也很紧绷，她很迷惑不解："我为什么把那支铅笔抓得那么紧？它并不想从我身边逃走。"

在本章中，你已经了解到杏仁核能够在大脑皮层前感知潜在的危险并作出反应。大脑让杏仁核在大脑皮层之前接收信息，这使得它能启动身体反应。这些身体反应是你下意识的选择。因此，如果你正在焦虑中挣扎，那么这可能不是你缺乏意志力或其他性格缺陷的表现,而是杏仁核并不直接受你控制的原因。你越了解焦虑的两种途径以及它们的运作机制,你就越能运用这些知识来对你的大脑施加影响。通过减少杏仁核的影响,你可以达到你设定的生活目标——首先是学习如何与杏仁核沟通,这是下一章的重点。

> **是哪条通道?(参考答案)**
>
> 1. 杏仁核
> 2. 大脑皮层
> 3. 大脑皮层
> 4. 杏仁核
> 5. 大脑皮层
> 6. 大脑皮层
> 7. 杏仁核

CHAPTER5

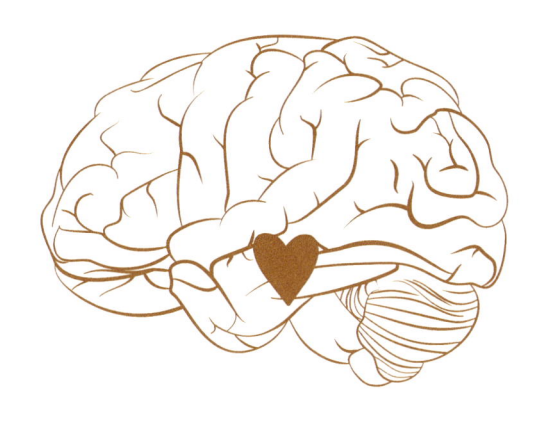

第五章

杏仁核的语言

为了控制你的杏仁核，你需要理解它的语言。这意味着你需要知道杏仁核是如何与你沟通，以及你是如何与它交流的。在你学习杏仁核的语言之后，你可以更好地理解焦虑，并发现影响大脑这部分机能的方法，使它作出不同的反应——这样你将能够努力实现任何受阻于焦虑的目标。

杏仁核是如何与你沟通的？

正如你在第二章学到的，杏仁核不是通过语言或思想进行交流的，而是通过各种各样的身体反应。这些反应代表了一种预编程的防御动机状态。从我们原始祖先在地球上行走以来，这种状态就一直影响着人类的生活。这些身体反应包括心率加快、血压升高、呼吸急促、瞳孔放大、四肢血液突然流动、出汗增多以及消化变缓。除了这些身体上的症状，人们还经常描述自己经历过的情绪，如恐惧、恐慌或焦虑等，这些都是防御反应的一部分。

虽然防御反应的一些生理症状很明显，但其他特征并非如此。例如，弗里达意识到她的恶心和肌肉紧张与她自身的焦虑有关，但她没有意识到，注意力难以集中也是由杏仁核引起的。因此，如果我们想要了解杏仁核发出的信息，我们需要更详细地研究它预先设定的防御反应。这种防御反应在包括人类在内的所有动物中都很相似，所以人们对其潜在的物理过程进行了充分的研究。

尽管我们知道防御反应通常为"战斗或逃跑"，但研究人员发现，杏仁核还会产生第三种反应——木僵反应。在这种反应中，一段时间内我们会保持一动不动或某种意义上的瘫痪状态，不会采取任何行动。这种木僵反应在一些动物身上很明显：面对危险的捕食者时，保持不动或装死。对人类来说，木僵（呆滞）也是一种有益的反应，有时甚至比战斗或逃跑更有帮助。例如，当达瑞尔的老板提高嗓门批评他时，达瑞尔感到身体不舒服，但他未做出任何反应，只是呆呆地站在那里。因为达瑞尔没有以威胁到老板的方式作出反应，也没有从这场对抗中逃跑，老板最终结束了他攻击式的长篇大论，走开了。木僵反应后，达瑞尔仔细考虑了老板的这些批评。等下次他们两人都冷静的时候，他选择再好好和老板谈谈。因此，即使在现代世界，冷冻反应也是有益的。

鉴于存在这第三种反应，我们将防御性反应称为"战斗—逃跑—木僵"反应更为准确。当面临压力时，你的杏仁核可能会启动这三种反应中的任何一种。然而，你可能会发现你更偏好这三种中的一种或两种。你可以使用章末的<u>工作</u>

表 5-1 来查看你的防御反应被激活时，你是否有战斗、逃跑或木僵的倾向。

当提到"战斗—逃跑—木僵"反应时，我更喜欢"防御反应"这个词，因为它提醒我们杏仁核正在进入一种旨在保护我们的防御性动机状态。这个术语还能帮助我们考虑是否需要这种防御。这是在驯服杏仁核时你要记住的一个有用的考量。与防御相关的身体反应（例如心率加快、出汗、消化减慢）会伴有恐惧、恐慌或焦虑等情感体验。我们当今生活中真正的、迫在眉睫的危险不是很多，因此没有必要进行防御反应。当你明白杏仁核会让你错误地体验这些身体和情感反应时，或者在战斗或逃跑都没有用的情况下，你可以试着改变对这些反应的体验。对于那些试图与焦虑的限制效应作斗争的人来说，这可能是一个彻底改变游戏规则的方法。

当理解了杏仁核的语言时，你就会意识到你的身体和大脑正发生的事情，这样你就不会误解身心的反应。例如，当你的心脏开始怦怦直跳，胸口发紧，你可能担心自己心脏病发作了。但事实上，心脏跳动得更快更强意味着它非常健康。同样，如果你呼吸急促、感觉头晕时，你就可能怀疑自己不健康或生病了。实际上，这些症状只是反映了你肺部的气道更加通畅。

防御反应还会干扰你的思维，尤其是你集中注意力的能力。杏仁核可以控制大脑皮层，让我们无法进入高阶思维过程，无法有逻辑或有计划地制订应对方案。杏仁核通过影响我们关注的东西来塑造我们的注意力和感知力。人类大脑的注意力非常有限，当你处于防御反应时，杏仁核会把你的注意力集中在它认为危险的事情上，从而使你无法关注到其他可能发生的事情。这就解释了为什么当你经历防御反应时，你可能很难逐步制订计划或处理复杂的想法。这也解释了为什么考试焦虑会让人如此虚弱：一个人可以在学习花上几个小时，记住所有必要的信息，但却无法答出试卷上的题目。这是因为"我通不过考试"的想法使他们无法集中注意力来回忆这些信息。

防御反应变化不定，小到低度激活，大到全面恐慌。在低度激活中，你可能只感到出了点汗，别无他事，但当全面恐慌发作时，你感到自己完全被它所带来的症状压垮了，担心自己会死亡或发疯。当你记住这些身体上、精神上和情绪上的症状都是由防御反应引起的，你就可以确信你经历的一切都是正常的。你没有健康问题，没有失去理智，也没有处于危险之中。这些症状只是说明你的杏仁核正在准备，使你的身体对环境中某些被感知到的威胁作出反应。

你可以把杏仁核想象成一个针对潜在危险的警报系统，但警报可能会出错。记住，杏仁核只对不完整的信息作出反应，而大脑皮层扰乱了它们的注意力，让它们无法专注于回忆这些信息。因此，杏仁核倾向于对良性情况作出反应，就好像它们是危险的一样。令人困惑的是，在这两种情况下，你都会有同样的反应——无论是情况真的很危险，还是危险被误解了或者高估了。当然，质疑危机感的准确性要比质疑机械报警系统（正如你车上的警报系统一样）的准确性困难得多。杏仁核产生的危险感更令人痛苦。但就像汽车报警器可能会出错一样，杏仁核也可能会出错，认识到这一点对我们很有帮助。

其他人可能会告诉你，你的焦虑不是真的，因为这种焦虑对他们没有意义。焦虑经常就是不合逻辑的。杏仁核不按逻辑运作，但它仍然在你的身体里产生非常真实的防御反应，而且你不能轻易忽视它或控制它。即使其他人不明白你感到焦虑的原因，你也可以从你真实的防御反应中获益。无论你此刻是否真的面临威胁，你都在体验非常真实的情绪、身体反应和思想，这些都是你的杏仁核对危险感知的回应。

当然，在这种情况下，人们不会自言自语："哦，这只是我的杏仁核产生了防御反应。"相反，他们经历的感觉往往让他们更相信自己真的有危险。毕竟，他们正在体验的身体反应和以下事情并无两样：一辆车即将从他们身上碾过，或者有只狗即将咬他们。然而，如果你记得杏仁核的反应并不总是正确的、必要的，或并不总是应对情况的最佳方式，你就可以学着不要把它们看得那么严重。我的客户了解了防御反应之后，经常会告诉自己："天哪，我的杏仁核现在太兴奋了！你可能会以为我面对的是一只剑齿虎，而不是季度报告。"

检查你自己的防御反应

杏仁核究竟是如何激活防御反应的？杏仁核与大脑中一些非常有影响力的结构相连接，包括脑干和下丘脑，这些结构使杏仁核能够产生这种防御反应。脑干在影响唤醒水平和使我们进入生存模式方面很重要，而下丘脑则负责启动激素的释放，如肾上腺素（激活交感神经系统）和皮质醇（释放葡萄糖到血液中以获得快速的能量）。

图 5-1 显示了下丘脑被杏仁核激活时，体内可能发生的显著变化。例如，由于唾液腺的刺激减弱，你可能会感到口干舌燥。因为肺部的气道变得更放松，能得到更多的氧气，你也更容易换气过度。你的心脏跳得更快、更强，以便迅速调用血液冲出去，这样你就可以在必要时战斗或逃跑。当血液被输送到四肢时，消化变慢，这将导致恶心或胃不舒服。葡萄糖从肝脏中释放出来，为肌肉活动提供所需燃料，这意味着你的血糖水平会迅速上升。你可能会感到肾上腺素激增，也可能觉得需要上个厕所。

正如你在前一章所知道的那样，激活的杏仁核与大脑某些地方连接，因此，在来不及考虑如何应对这种情况之前的极短时间内，它可以非常迅速地触发所有这些生理变化。在大脑皮层完成情况处理之前，杏仁核已经让你的身体处于准备逃跑或战斗的状态。

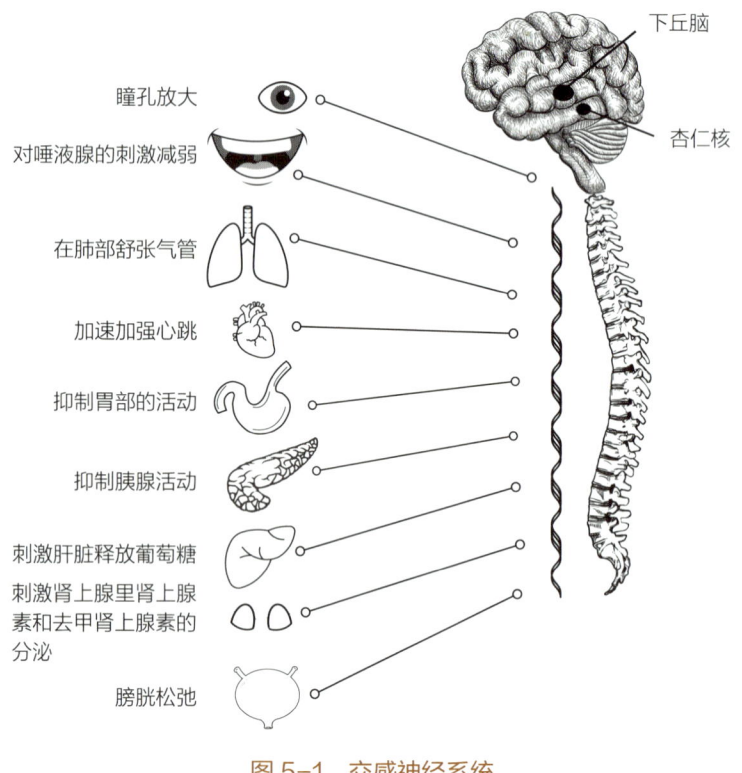

图 5-1 交感神经系统

现在你对防御反应相关的生理变化有了更深入的了解，是时候仔细审视你自己焦虑的特性了。如果你使用第一章所述工具表每天记录焦虑，那么你可能已经意识到你焦虑的许多症状都是杏仁核被激活的结果。乍一看，其他症状似乎与防御反应无关，但如果仔细观察，你就可能会发现其中的联系。

例如，对于人类和其他动物来说，在这种生理激活的反应中，很常见的症状是需要小便或腹泻。也许我们应该排空肠道和膀胱，这样我们就能跑得更快？只能说，当带我的金毛猎犬去看兽医时，在进入诊所之前我总是带着它走到诊所后面上厕所。否则，当他们开始控制它进行体温测量时，它很可能会把地板弄得一团糟。

花点时间研究一下图 5-1，思考一下这些生理过程与你在自己的生活中目睹的焦虑有什么关系。章后的工作表 5-2，可以帮助你在考察自己的焦虑症状时厘清思路。

正如你所了解的，在防御反应过程中，人们往往会误解身体和大脑中发生的许多变化。导致问题的原因是这些误解而不是症状本身。在之前的工作表中，你确定了增加焦虑和造成不必要痛苦的具体症状，开始考虑这些症状是否真的意味着你身临险境，或者你的担忧是否可能是对防御反应的误解造成的。章后的工作表 5-3 将帮助你继续质疑和挑战你的焦虑。它将引导你创立有效的应对思路，与焦虑作斗争。

你可以如何与杏仁核沟通？

杏仁核学习新事物的能力很强——如果你知道如何运用其语言的话。你无法用人类语言与杏仁核交流。例如，你在暴风雪中坐在朋友的车里，如果你企图命令杏仁核（"冷静！"）或与它讲道理（"杰夫驾驶技术过硬，不必害怕"），这并没什么用。如果你只是企图和杏仁核交谈，那么它不会学到任何东西；你必须在它自己的层面上与之接洽。记住，杏仁核意在产生如下身体反应：战斗、逃跑或木僵。它需要的是能够据此做出反应的经验，而不是话语。

例如，当感觉到我的杏仁核激活防御反应时，我经常选择用一种它能理解的方式来回应——锻炼。我会健步走。如果我感到压力特别大，我还会短跑一下。当系主任叫我去她办公室，找我谈话时，我会匆匆穿过校园。看起来我是因为开会快迟到了，但实际上我是在对杏仁核进行使之镇静的有氧训练。毕竟，杏仁核想让我逃离这种情况，所以当我开始行动时——即使我正往系主任办公室走去，我的杏仁核也会慢慢平静下来。我感到有压力的情况并未消失，但是，我能让我的杏仁核平静下来。

比运动更简单的是，你可以用呼吸向杏仁核发送信息。那是因为杏仁核一直关注着你的呼吸。事实上，它可以监测你体内的二氧化碳含量。如果你想制造一种恐慌的感觉，只需令自己窒息，杏仁核肯定就会被激活。反之，如果你集中注意力舒缓呼吸，杏仁核就会平静下来。

虽然像深呼吸和锻炼等策略可以帮助你在杏仁核的层面上与它沟通，但也许将新信息传递给杏仁核才是最重要的。你可以告诉你的杏仁核，在某些没有什么危险的情况下，它不需要产生防御反应。稍后，在本手册中，你将学会如何向杏仁核传递新信息，这样它就不会再制造焦虑，阻碍你实现目标了。但首先，让我们关注那些可以使杏仁核平静下来的策略。

工作表 5-1

你是战斗、逃跑还是木僵？

通过防御反应，杏仁核向我们传达信息：我们应该战斗、逃跑还是木僵。通读下面的列表，并勾选适合你的陈述。然后比较你在每个类别中打钩的次数，看看你的杏仁核最常怂恿你采取何种方法。

战斗

☐ 当我感到有压力时，我发现自己想要打什么东西或打人。

☐ 当有人冒犯我时，我想和他们打架。

☐ 当别人使我沮丧时，我经常对他们发火。

☐ 我生气的时候会扔东西或踢东西。

☐ 当有人对我爆粗口时，我不会让他们得逞。

☐ 在紧张的情况下，我很难安静地坐着或闭上嘴巴。

☐ 如果有人吓到我，我很容易打他们。

☐ 有时候我会伤害自己的身体，而不是伤害别人。

逃跑

☐ 在感到有压力的情况下，我通常会逃避。

☐ 每当事情开始出错时，我只想撂挑子。

☐ 当事情进展不顺利时，我对事情没兴趣。

□我很喜欢把需要做的事情搁置到后面。

□为了逃避某件事情，我会假装不知道。

□我会经常取消原计划参加的活动。

□我经常希望我能逃离这一切。

□我能想出无数个不做某事的借口。

木僵

□当我压力大的时候，我发现自己经常说不出话来。

□当我恐慌的时候，我很难做任何有建设性的事情。

□在困境中，我会保持安静，希望没有人注意到我。

□当我感到有压力时，我发现自己经常无法采取行动。

□当有可怕的事情发生时，我的肌肉会变得紧张和僵硬。

□如果有人吓到我，我就会僵住不动。

□有压力时，我反应迟钝，健康状况不佳。

□当有人生气时，我会沉默并感到不能正常活动。

工作表 5-2

你自己的防御反应指标

参考第一章的焦虑评分表。通读全文列出的焦虑症状，确定你在自己的生活中经历了哪些症状。要关注防御反应的具体方面（特定症状），如"难以集中注意力"，而不是笼统地分类，比如"智力影响"。本页空白处供你写下症状。

接下来，圈出这些困扰你的症状。也许你已经非常担心，在网上查询了其中一些症状，但现在你发现这些症状只是杏仁核在作怪。

最后，就你圈出来的每个症状，回答下一页呈现的问题。你可以复印这份工作表（或者使用自己的日志）来反思你所有的症状。

焦虑症状

症状：_____

这种症状是怎么回事？是什么让你感到痛苦？

_____

_____

这种症状有多难对付？从 1 分到 10 分给它打分。

_____

_____

你认为这种症状意味着什么?

这种症状在防御反应中起什么作用?

你是否一直认为这种症状很危险?

你是否一直认为这种症状证实了你身临险境?

你是否一直认为你应该控制这种症状?

在了解杏仁核之后,你对这种症状的看法是如何改变的?

当你经历了这种症状时,记住这种症状对你有什么帮助呢?

工作表 5-3

应对忧虑

当你的杏仁核激活焦虑或恐惧反应时,你就会产生忧虑,而这份工作表将帮你确定并缓和这些忧虑。使用提示语在左栏空白处写下你忧虑的症状和原因。然后基于你对防御机制的理解重新评估这种忧虑。根据提示在右栏写下可以帮你对抗这种忧虑的想法。

表格中已经有一个例子,你可以参考例子在下面的空白处填写你生活中的各种忧虑。

担忧	应对策略
当我感到或认为_____时,我担心,这意味着_____	这种担心可能并不正确,因为我的杏仁核会产生这种反应,企图通过_____来保护我
当我感觉到恐惧时,我担心,这意味着将发生什么不好的或有害的事	这种担心可能并不正确,因为我的杏仁核会产生这种反应,企图通过将我的注意力集中在它认为具有威胁的东西上来保护我,但它可能不是真正的威胁
当我感到或认为_____时,我担心,这意味着_____	这种担心可能并不正确,因为我的杏仁核产生这种反应,企图通过_____来保护我

续表

担忧	应对策略

第六章

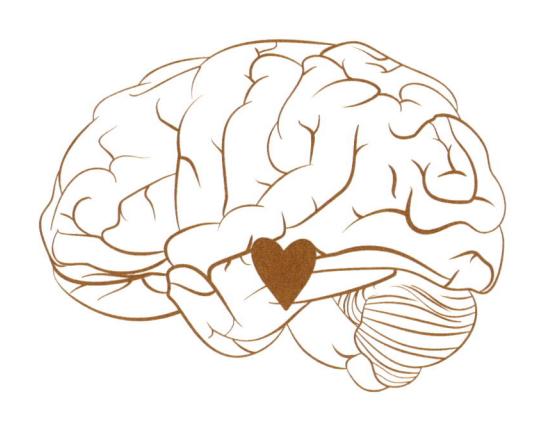

如何让杏仁核平静下来?

深呼吸

作为一名年轻的治疗师,我学到的第一个技巧就是如何训练我的客户进行深呼吸,以减轻焦虑。尽管大量的证据表明,呼吸方法是有效的,但我总是很难说服客户相信:呼吸可能是有帮助的。这似乎就是太简单了。约瑟夫·勒杜进行了突破性的研究,展示了杏仁核是如何参与产生焦虑的。新的成像技术,如磁共振脑功能成像(fMRI),让我们能够看到杏仁核在人脑中的实时反应。研究表明,当个体被放置在磁共振脑功能成像机器中思考可怕的图像或出现消极的自我信念时,杏仁核激活度会增加。然而,当研究人员要求他们有意识地放慢呼吸时,杏仁核的激活度就会减少。慢呼吸让一切都变了。当我与我的客户分享这些发现时,他们对学习直接影响杏仁核的呼吸方法就感兴趣了。

如果你经常要应对焦虑,那么你要记得深呼吸是一个很好的策略。像阿普唑仑这样的抗焦虑药物可能需要30分钟才能改变大脑的神经化学,与之相反,专注于呼吸的方法可以更快地直接影响杏仁核,有时只需10分钟。此外,深呼吸不需要花费任何费用，你可以随时随地进行。你可以在小提琴独奏前使用它，在交通高峰期使用它，或者在蜘蛛意外落在你腿上的那一刻使用它。

尽管各种各样的深呼吸技术已经被证明可以影响杏仁核的激活，但最有效的技术似乎是缓慢的深呼吸。缓慢的深呼吸会激活副交感神经系统，这是身体对抗产生防御反应的交感神经系统过程的方式。所以呼吸不仅会影响杏仁核，还会影响防御反应本身。为了练习缓慢的深呼吸，你可以试试下面的横膈膜呼吸练习，看看它对你有什么影响。你可以在任何时候进行这项练习，如果在感到焦虑的时候尝试，它就会让你更好地了解它是否减少了你的焦虑感。具体方法见章后**练习 6-1**。

虽然你一开始对横膈膜呼吸不太适应，但记住这种呼吸方式是非常有益的。它可以让你的呼吸获得更多的氧气，排出更多的二氧化碳。它还提供了一种通过刺激迷走神经来关闭交感神经系统的方法：迷走神经穿过横膈膜，激活副交感神经系统关闭防御反应。

还有一种有利于减轻焦虑的呼吸方法是长时间缓慢吸气，使肺部完全扩张，然后长时间缓慢呼气，使肺部完全放空。呼气在激活副交感神经系统方面似乎特别重要。尝试章后的**练习 6-2**，会让你的呼吸变得更深更慢。

如何将这些呼吸技巧融入你的日常生活中呢？首先，你需要足够的练习，让这些呼吸技巧成为你的第二天性。每个人的呼吸方式都不一样，所以要找到适合自己的方式。其次，你应该把呼吸技巧安排到你的日常生活中，每天在特定的时间练习一次以上。如果它们没有被融入你的日常生活，或者说没有在你感到压力或者焦虑时起作用的话，那就说明你没有充分利用它们。你可以在任何时候使用它们——开会、开车、走路或准备睡觉的时候。定期呼吸练习还有一个好处是，当你屏住呼吸时，你会更加意识到这一点。屏住呼吸是我们经常不自觉地激活杏仁核的一种常见方式。提醒自己，你应该一直保持呼吸。

虽然呼吸练习已被证明可以减少杏仁核的激活度，但并非每个人都认为深呼吸是有帮助的。如果你有哮喘或其他呼吸困难症状，你就可能会发现，把注意力集中在呼吸上反而会增加焦虑。我们还有其他有效的方法可以减少杏仁核的激活度，促进副交感神经反应，比如，想象。

通过想象放松

你可以通过想象在脑海中确定一个你觉得放松的特定环

境。这个场景可以是现实世界中存在的，比如你之前去过的一片宁静的草地或阳光明媚的海滩，也可以是你在想象中创造出来的。

我的一个客户曾经走进我的办公室问我："你确定准备好见我了吗？你不觉得连续和几个不同的人说话有压力吗？"我告诉他，上一个客户的接见结束后，过了几分钟，我才接见的他。在那段时间里，我想象着自己在山上参观一个凉爽、清澈、神奇的瀑布。我闭着眼睛站在办公室里，想象着自己走进了神奇的水里，它冲走了我所有的压力。如果你想自己尝试想象，那你可以试试章后的练习 6-3，看看想象是如何帮助我们放松的。

想象某个愉快的场景对一些人的放松是很有帮助的。当然，你不能总是通过闭上眼睛，在你的脑海中去别的地方来让自己摆脱困境。但在很多情况下，你会发现休息一下，想象自己在一个放松的环境中，可以让你冷静下来，迅速恢复活力。如果你想象力好的话，想象并不需要花费很长时间。

渐进式肌肉放松

你已经知道，当杏仁核产生防御反应时，症状常表现为肌肉紧张或颤抖。肌肉放松策略被证明可以抵消杏仁核激活的影响，而渐进式肌肉放松是最常用的方法之一。通过渐进式肌肉放松，你可以练习绷紧，然后依次放松身体的每组主要肌肉群，努力减轻全身的肌肉紧张。虽然最初几次整个过程可能需要 30 分钟，但一旦你经过足够的练习，就只需要不到 5 分钟了。除了少数人外，大多数人都可以很容易地放松各种肌肉群，所以一旦你学会了专注于哪几块肌肉，这个过程就会缩短很多。此外，当身体受训放松时，你会发现身体的某些部位会更容易放松。

有些人发现，对他们来说，拉伸不同的肌肉群并不能有效地放松。对于那些患有慢性疼痛或肌肉损伤的人来说尤其如此。有些人会觉得这个过程很烦人或乏味。如果你是这些人中的一员，就不要把注意力集中在拉伸肌肉上，而是要集中在放松每一组肌肉群上。记住，你的目标是找到一种方法来减少和降低由杏仁核产生的肌肉紧张和身体唤醒的一般水平。放松肌肉坐着，双手轻轻地放在膝盖上，手掌向上，相较于语言，你可以更快地让自己平静下来，尤其是当你同时集中注意力缓缓呼吸的时候。

你可以尝试章后的 **练习 6-4**，在体内营造一种放松的感觉，向你的杏仁核传达一种安全感。

在日常生活中何时使用这些镇静技巧？

虽然深呼吸、肌肉放松和想象都是帮助你管理杏仁核的有用技巧，但在不同的情况下，各个技巧的效用不同。例如，当你对一种情况或物体感到焦虑时（比如在结冰的道路上开车，头痛使你感到焦虑，你会担心偏头痛发作，或者乘坐拥挤的电梯），深呼吸和肌肉放松可以直接向杏仁核发送信息，让它冷静下来。因为这些技巧非常微妙，你可以在别人没有意识到的情况下使用它们。

此外，你越有意识地使用这些技巧，你就越能意识到你会多么频繁地无意识地屏住呼吸或绷紧肌肉。在许多情况下，杏仁核会在不知不觉间带来木僵（呆滞）反应，深呼吸和肌肉放松可以让我们避免出现这种木僵反应。

当你对即将到来的事情感到焦虑时，这三种技巧可能都是有用的。例如，如果你有一个求职的面试，那你可以事先在车里坐几分钟，练习引导想象，让自己放松下来。虽然有其他人在场的情况下，想象并不总是个好方法，但在像这样短暂的私密时刻，它可能很管用。当然，在等待面试开始的时候，你也可以进行渐进式肌肉放松，或者练习缓慢的深呼吸。

从本质上讲，防御反应和相关的恐惧和焦虑情绪是有预判期的，这意味着它们往往会在你面临威胁情景之前发生。因此，你会在紧张情况发生之前感受到最高程度的焦虑。例如，人们在等待演讲、登机，或者欢迎客人参加派对的时候，会比真正演讲、乘机飞行、与客人交谈时更焦虑。这是极其违背直觉的，除非你了解防御反应。很多人会想："如果我在演讲前都这么紧张，那么我演讲的时候就会更紧张。"但大多数人发现，他们开始讲话并专注于演讲后，就会冷静下来。从进化的角度来看，这是有道理的。杏仁核的作用是保护你免受危险，所以如果你仅在老虎把你叼进嘴里后才来体验"战斗或逃跑"，那就没什么用了。

还有一种思考焦虑的方式是把焦虑描绘成一座山或曲线：当你接近触发点时，你的焦虑会稳步增加，抵达触发点后焦虑程度最高。一旦你已处于那种情况下，只要危险没出现，杏仁核就会产生越来越少的焦虑，直到你回到山脚下的平地。因此，在触发情境开始之前，使用深呼吸、渐进式肌肉放松和想象等镇静策略是很重要的。如果你能度过这段艰难的预判期，一旦你真正到达恐怖的情况（假设真正的危险不存在），你的焦虑水平就会下降。

你也可以在白天定期使用放松技巧，把它作为一种"重置"机制来对抗交感神经系统激活的影响。当你遇到激活杏仁核的压力源时，你可以不断下调杏仁核敏感度，就像打开空调系统给家里降温一样。这将有助于防止你的压力水平随着时间的推移而增加。例如,一个高中生经历了一些增加她压力的事情,比如老师讲授令人困惑的知识,在课堂上提问她,或者提到即将举行的考试。如果这位学生定期在课间5分钟的休息时间练习深呼吸,她就可以减轻白天交感神经系统被激活的累积(效应),并向她的杏仁核发送一个信息,即学校并不危险。

有效的放松是一个个性化的过程——如何放松取决于对你有效的是什么。我们这里讲的是深呼吸、想象和渐进式肌肉放松。实际上,任何激活副交感神经反应的方法都是有帮助的,比如按摩、抓背、洗热水澡、唱歌、吟诵。迷走神经会与声带相连,唱歌、吟诵这些活动会通过迷走神经激活副交感神经系统。你可以探索不同的方法,找到最适合你的。一定要尽可能多地去尝试各种方法——不要只尝试一次就放弃了。我们中很少有人接受过如何抵消杏仁核影响的训练,所以这是一个学习的过程。你有能力重新控制你的身体。

练习 6-1

横膈膜呼吸

膈肌是一块大而弯曲的肌肉,就在肺和心脏的下面,它是用于呼吸的主要肌肉。为了练习膈肌呼吸,你可以找一个舒服的姿势,坐着或躺着。然后把一只手放在胸前,一只手放在肚子上,完全深吸一口气,再慢慢呼出。每次吸气时你的胃会膨胀,每次呼气时胃会收缩。我们一般用鼻子吸气,其实用嘴巴呼气更容易得到正确的反应,虽然这并不必要。用噘起的嘴唇呼(嘴唇稍微分开一下)也可以帮助你减缓呼吸。尝试这个练习10到15分钟,然后感受在这段时间之后你是否有不同的感觉。

当你第一次尝试用横膈膜呼吸时,它可能会让你感觉有点累。这可能意味着你没有做过这种深呼吸,也可能是因为你呼吸时一直借助于胸部肌肉,而不是更强大的膈肌。坚持下去,你就会学会呼吸时更多地依靠膈肌。典型的膈式呼吸会使心率减慢,虽然你可能没有注意到。大多数人发现,此举会让人放松。

练习 6-2

"给我五次"式呼吸

这种呼吸技巧要求一开始使用时钟或秒表，直到你习惯了正确的呼吸时间为止。看着时钟，试着每分钟只呼吸五次（或者六次），每次呼吸都包括一次完整的吸气和呼气。这意味着每次呼吸应该持续大约12秒：6秒吸气，6秒呼气。开始时，深呼吸，慢慢吸气，然后再转向缓慢、温和的呼气，确保肺部完全被充满和被清空，持续不断地进行这个过程。

记住任何时候都不要屏住呼吸。在任何给定的时刻，你要么吸气，要么呼气。当你以这种缓慢而深沉的方式呼吸时，用鼻子还是用嘴呼吸并不重要。只使用最适合你的方法。记得通过强调呼气来完全清空你的肺。练习延长呼吸时间，直到接近每分钟五到六次呼吸为止。

一旦你进入呼吸的节奏——大约每分钟呼吸五次，就可以开始利用视觉图像。很多人发现这很有帮助。利用视觉图像的方法如下。首先，选择一种你认为代表你的压力或焦虑的颜色。其次，想象一下，你的身体里有这种压力色，但随着每一次呼气，你把它从自己身上呼出来了。想象一下，它像彩色的烟或蒸汽一样从你的鼻子或嘴里冒出来，然后消散在你周围的空气中。每次吸气时，想象肺部正在吸收清新的空气，每次呼气时，想象完全清空了肺部的所有带色压力的痕迹。在呼吸时想到"平静"或"平和"这样的词，会有利于你调节呼吸节奏。持续不断地做下去，直到你感觉更放松，内心充满平静。

练习 6-3

引导想象

找一个可以放松的舒适位置，通读准备好的剧本，想象自己在场景中。你也可以让别人给你读剧本，这样你就可以闭上眼睛，专注于体验想象。或者，你可以提前通读一遍，然后闭上眼睛，想象场景的每个部分。你在做这个练习的时候，一定要把你所有的感官——视觉、听觉、嗅觉等感觉调动起来。

你在一个树木繁茂的地方，沿着一条土路散步，有人告诉你，这条路会把你带到海滩。当你听到鞋子踩在地面上的嘎吱声时，你注意到路上有点沙子，这给了你希望：海滩就在不远处。你听着风轻轻吹过树林的声音，还有海鸥的叫声。是的！海滩不可能很远。

当你在阴凉的路上转弯时，你会看到前面有一条沙路，它从马路上倾斜下来，穿过树林。道路两旁的树木是巨大的松树和橡树，道路上不仅有沙子，而且还铺了一层树上落下的松针。空气中弥漫着松树的芬芳，风似乎正从海的方向吹过来，同时也带来了海水的气息。你沿着背阴的小路走下去，听到了孩子们的声音。孩子们沿着小路笑着向你跑过来。他们穿着泳衣，湿脚上沾满了沙子。

这条路变得更宽，一直把你带到了阳光下。你从树荫下走出来，来到一个金色的海滩上。你在沙滩上看到了五颜六色的伞。令人眼前一亮的是，海面上飘浮着壮丽的白云。它们明亮的白色与浅蓝色的天空和深蓝色的海水形成了鲜明的对比。海面辽阔，你看不到对面的海岸，只能看到淡蓝色的天空和海水相接的地方。你站了一会儿，欣赏着眼前的景色，听着海鸥滑行时发出的叫声。你看到温柔的海浪冲刷着海岸，你穿过沙滩向海岸线走去，在路上挣扎着穿过一些更深的沙滩。

当你到达海滩边缘时，你脱下鞋子，抖掉上面的沙子。你赤脚走在沙滩上，每走一步，都能感觉到潮湿的沙滩在轻轻地移动。你转过身并注意到了身后沙滩上留下的脚印。你走向水边，把脚趾弄湿了一点，水的清凉令人称奇。

你很高兴找到了这个海滩。当你站在那里，感受海浪拍打你的脚时，你享受着周围的风景和声音。你站着，享受温暖的阳光照在你的肩膀和脸上，海面上的微风拂过你的头发。你深吸了一口气，试着在脑海中描绘出这美丽的景色，这样当你离开，沿着沙质小径返回时，你就能记住它了。

第六章 如何让杏仁核平静下来？

> 练习 6-4

渐进式肌肉放松

坐在稳固的椅子上，先做几次缓慢的深呼吸。如果深呼吸对你不起作用，那就在整个过程中尽量保持深而慢的呼吸，确保在肌肉紧张时不要屏住呼吸。你还可以在肌肉紧张时吸气，在放松时呼气，将注意力集中在呼吸上。

准备就绪后，首先专注于双手。吸气，双手握紧拳头，绷紧手部肌肉。只需短暂绷紧，最多两三秒钟。（切记紧张时不要屏住呼吸。）接着让双手完全放松，手心向上，放在膝盖上。接下来请完全放松手部肌肉，并通过摇摆或甩动来放松手指。然后呼气，专注于双手放松的感觉。你可能会感觉肌肉松弛而沉重，就像被重力向下拉，而不是抵抗重力。

接下来，将注意力集中在前臂上。首先短暂绷紧前臂肌肉，保持两三次。然后再次将手放在膝盖上，让前臂肌肉放松。集中精力放松手肘处的压力，感受肌肉放松时的沉重感。如果你很难让肌肉放松，那就用晃动手臂来放松它们。

对全身其他肌肉群进行这一过程，如下所示。记住，只需短暂绷紧，不要屏住呼吸，然后放松，把注意力集中在每组肌肉放松后沉重、松弛的感觉上。

- 二头肌：将手臂弯曲至肩部，绷紧肱二头肌，然后放松，让手臂松弛地垂在身体两侧。
- 肩部：绷紧肩膀，将肩膀向上拉向耳朵，然后放松，让手臂的重量将肩膀向后拉。
- 前额：皱眉绷紧前额，然后放松，将眉毛放松至正常状态。
- 嘴部：咬紧牙关，用舌头抵住牙齿，抿紧嘴唇，使嘴部绷紧。放松时，将嘴巴张大片刻从而进行拉伸，然后将嘴巴微微张开，舌头放松，嘴唇再微微张开。
- 颈部：通过向后倾斜头部来收紧颈部，然后通过一侧的颈部向另一侧拉伸来达到放松的效果，再从左向右转动头部，最后将下巴收向胸部。
- 腹部与胸部：收紧腹部和胸部的肌肉，就像你在"期待"腹部遭受重击那样，而后通过松弛肌肉来进行放松，让其占用尽可能多的空间。
- 臀部：收紧臀部肌肉，再释放紧张感，最后舒适地下沉到放松的姿势。
- 小腿：在抬起脚趾的同时将脚后跟压紧地面，使小腿绷紧，而后将双腿伸展到舒适的位置来进行放松。
- 大腿：将双脚推向地面，使得大腿绷紧，而后再次将双腿伸出放松。
- 足部：将脚趾蜷曲在脚下，使足部绷紧，而后通过摆动或者伸展脚趾来进行放松。

在完成每个肌肉群的放松后，对每个肌肉群进行回顾，放松再次紧张起来的部位。而后，通过坐在椅子上的放松，使得肌肉进行放松与紧张的交替，从而令整个身体得到进一步的放松。如果愿意的话，那你也可以使用深呼吸这一技巧。在脑海中不断重复如"放松"或"平静"这样的词也是比较有帮助的。若反复如此，在对自己说这样的词时，身体就能够学会自动放松下来。

在完成这一训练后，你可能会注意到这样一种情况：某些肌肉群似乎愈发容易紧张。若如此，你可以把注意力集中在最脆弱的肌肉群上，这些肌肉群需要刻意放松。经过练习，大多数人发现他们再也不需要去事无巨细地绷紧每一寸肌肉群或者那些最顽固的部位。你也可以通过绷紧、拉伸或者轻轻地摇晃肌肉来给予抵抗性肌肉特别的关注，从而促进其放松。

第七章

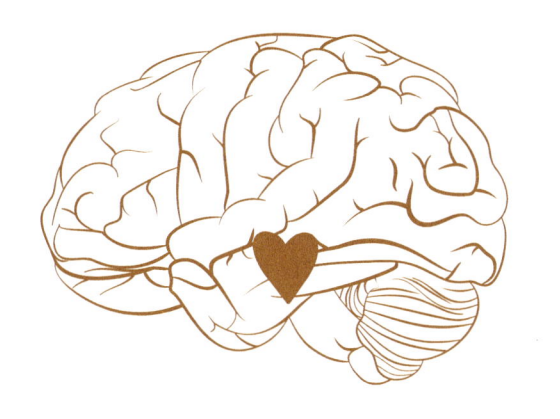

睡眠如何影响你的杏仁核？

人们往往会低估睡眠的重要性。虽然他们可能认为在时间充裕的时候睡觉很重要，但他们认为不应该把睡觉置于所有活动之首。但是如果你想要杏仁核保持平静，那么获得健康的睡眠是至关重要的。当你得到充足的睡眠时，你的杏仁核不太可能对你的感觉和经历产生强烈的反应。例如，研究发现，当一个人连续两天睡眠时间仅三个钟头时，他的焦虑程度会更高，杏仁核和前额叶皮层（大脑中帮助我们处理情绪的一部分）之间的联系会变得更弱，即使仅一夜未眠也会使杏仁核反应更强烈。事实上，我那些经历过恐慌发作的客户经常说，他们在恐慌发作前的一个晚上（或几个晚上）睡眠不好。因此，如果你想驯服你的杏仁核，获得健康的睡眠就是最有效的方法之一。

然而不幸的是，杏仁核本身往往会导致睡眠困难。当杏仁核被激活时，它会唤醒大脑，使我们变得警觉和清醒，这显然会减少睡眠的可能性。这就解释了为什么经常感到焦虑的人，或者杏仁核过度活跃的人，一旦醒来就很难入睡或重新入睡。

如果你思考一下就会发现这是完全合理的。记住，我们是"惊弓之鸟"的后代，我们的祖先很可能采取防御行动来保护自己和孩子，他们幸存下来并将基因传给我们。杏仁核能让他们晚上保持清醒，抵御潜在的危险。因为我们是这些人的后代，所以当我们想到危险时，杏仁核会让我们保持清醒，尽管现代世界的危险可能是支付账单的困难或即将到来的工作会议。

即使没有直接的危险，你只是在想一个令人痛苦的情况，这也足以刺激杏仁核，唤醒大脑，干扰你的睡眠。当你想睡觉的时候，如果你在想今天早些时候发生的有压力的事情，或者预测明天可能遇到的困难，杏仁核就会对这些想法做出反应。即使晚上保持清醒并不能使我们免受正在考虑的危险，杏仁核仍然让我们保持清醒，因为它试图保护我们免受各种威胁。

所以我们有一个问题：睡眠不足会让我们的杏仁核处于激活状态，而这又会让我们更难获得良好的睡眠。这是一个恶性循环。但幸运的是，我们有出路。本章将解释你需要什么样的睡眠，并告诉你即使在杏仁核的干扰之下，你也能获得健康的睡眠。

怎样的睡眠能让杏仁核保持平静？

当我们睡觉时，我们会经历不同的阶段，睡眠的某个阶段对杏仁核特别重要。多项研究表明，如果一个人没有获得足够的快速眼动（REM）睡眠，杏仁核就更有可能被激活。在快速眼动睡眠期间，我们会做梦，眼睛在眼皮下快速移动。杏仁核以及其他大脑区域在快速眼动睡眠期间是活跃的。尽管我们不知道原因，但大脑在快速眼动睡眠期间的变化过程与第二天杏仁核激活频次的减少有关。

在我们的睡眠结构中，快速眼动睡眠只有在我们反复经历了其他阶段之后才会发生。这种模式循环是：从最浅的睡眠阶段变化到快速眼动睡眠之前的阶段，然后再次转变，最后一直到快速眼动睡眠（图7-1）。我们睡够大约60到90分钟才会发生第一个快速眼动睡眠阶段，而快速眼动睡眠阶段在循环继续之前只持续1到5分钟。随着夜间时间的推移，快速眼动睡眠的时间越来越长，发生的频率也越来越高。最长的快速眼动睡眠时间出现在晚上的最后三分之一的时间段内。

这意味着，为了让杏仁核获得健康的睡眠，你需要连续睡足够的时间来达到最佳的快速眼动阶段。美国国家睡眠基金会建议大多数成年人每天睡7到9个小时。如果你睡8个小时或更长时间，你就会获得更多的快速眼动睡眠，因为更多的快速眼动睡眠发生在睡眠的最后几个小时。如果你的睡眠时间不够长，你就可能会获得很短的快速眼动睡眠，导致杏仁核激活度过高。如果你睡得更久，你就应该会注意到焦虑和恐慌会很少发作。刻意寻求充足的睡眠对任何应对焦虑的人都是有益的。

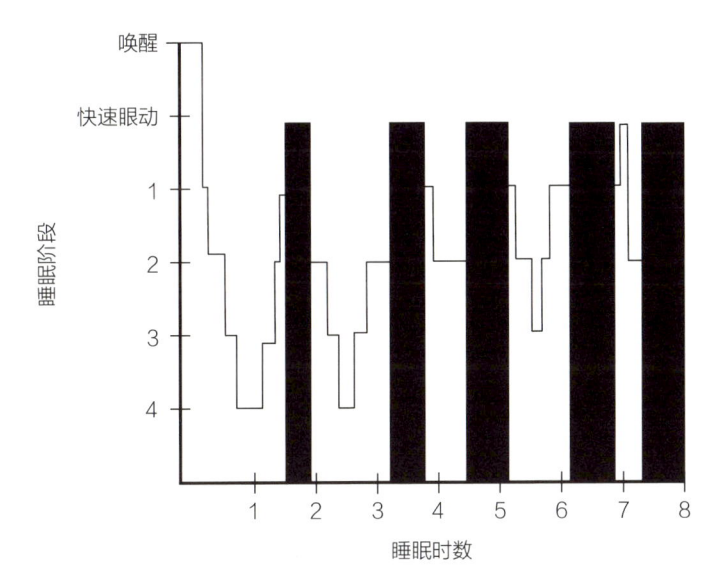

图 7-1 睡眠时数与睡眠阶段

这里有两点需要注意：首先，睡眠需要不受干扰才能有效。当你醒来 10 分钟或更长时间时，你不可能从你的睡眠周期中停下来的地方重新开始。在 10 分钟内恢复睡眠可以让你重新进入你醒来时的睡眠阶段，但超过 10 分钟你就会重新开始睡眠周期——这意味着你需要再花 90 分钟才能回到 1 到 5 分钟的快速眼动睡眠。因此，尽管短暂地去趟洗手间不是问题，但也还要避免在夜间起床时间过长。其次，不要以为午睡对杏仁核有帮助。它不太可能提供任何快速眼动睡眠，相反，它经常会影响你在晚上入睡的能力，缩短你的睡眠时间。

健康睡眠清单

完成下面的检查表，确认你是否有良好的睡眠。如果没有，请确定是什么影响了你的睡眠质量。检查表上的条目基于促进良好睡眠和有效治疗失眠的研究。在你觉得符合事实时，在"是"的问题旁边打个钩。如果你存在列表上提到的睡眠问题，请务必阅读列表后面的信息和建议，以改善你的睡眠。你需要一些时间来识别和消除影响健康睡眠的因素，或者遵循改善睡眠的建议。这样你就更有可能成功地获得平静杏仁核所需的睡眠。

你是否无法获得持续、长时间的良好睡眠？

☐ 在某个正常的夜晚，你的睡眠时间是否少于 8 小时？

☐ 你的就寝时间是否不一致？

☐ 你每天早上起床的时间是否不一致？

☐ 你是否每周有两个或两个以上的夜晚睡眠不足 8 小时？

☐ 你是否在没有睡前习惯的情况下就跳上床？

☐ 你睡觉后是否感到不满足、没休息好？

如果你想减少杏仁核的激活频次，你就需要努力获得长时间的快速眼动睡眠。通过获得足够的快速眼动睡眠，你不仅可以减少杏仁核的激活频次，还可以减少恐慌发作的风险。当在固定的时间睡觉和起床时，我们通常会得到最好的睡眠，因为我们的大脑习惯了特定的睡眠节奏。你可以设定一个特定的时间开始准备睡觉，并在睡觉前使用相同的习惯性步骤。尽量避免在周末完全改变你的就寝时间，除非有特殊原因。偶尔熬夜也无妨，特别是如果你可以睡懒觉的话，但尽量不要完全改变你每个周末的睡眠时间表。

你要知道自己连续睡了多少小时。做一段时间的记录，记录你每天的睡眠和焦虑程度，这很有用。你会发现焦虑程度和前一天晚上的睡眠时间有明显的联系。你要确定是什么干扰了你睡觉的准备，或者是什么让你醒来，以便坚持按时间表睡觉。例如，如果你想熬夜看某个节目或某场电影，那么建议你考虑把它录下来，下次再看。如果你收到短信、电话或提醒，耽误了你的就寝时间或打断了你的睡眠，那就在特定的时间关掉手机。如果你知道需要在某个早晨比平时起得早，那么就开始提前准备就寝，这样你就仍然可以得到充足的睡眠。这些努力是有回报的：杏仁核会更温和。

你日常生活中的活动会影响良好的睡眠吗？

☐ 你是否经常小睡以保证充足的睡眠？
☐ 你的工作安排是否会影响你获得想要的睡眠？
☐ 你把工作带回家并在晚上做吗？

□你用卧室（尤其是在床上）工作吗？
□你的家庭和宠物是否影响了你的睡眠？

你可能没有意识到，日常生活中的一些简单活动可能会干扰你的睡眠。你要仔细看看你白天都做了什么。例如，午睡会影响你的入睡能力，所以除了小睡（10~20分钟），你应该避免午休，尤其是下午4点以后。

你的工作职责也会影响你的睡眠和起床时间。显然，你并非总是能够改变自己的工作环境，但你应该意识到工作何时影响你的睡眠，并考虑是否可以采取措施来改变这种情况。你要创造性地思考保护睡眠的方法。近年来，在家工作变得越来越普遍，你可能会发现这比你想象得更灵活，特别是它或许能提高你的工作效率。然而，在某些情况下，在家工作可能会让你更难摆脱工作职责。你可能有照顾别人的责任或在家容易分心，这使得你很难按时完成工作。以下措施对你会有帮助：安排具体的上班"打卡"和下班"打卡"时间，这样你就可以在工作和家庭之间设定一个良好的界限，让自己及时上床，获得充足的睡眠。

此外，在床上工作也会影响你的睡眠，因为你的大脑会把床和工作联系在一起。这让你的大脑更难"关闭"，使得你更难以入睡。因此，你要确保你的床只用于睡觉，避免在床上工作和学习。事实上，当你难以入睡时，你不应该在床上几个小时保持清醒，因为你得让你的大脑把床和睡觉联系在一起，而不是和保持清醒联系在一起。如果你过了30分钟左右还睡不着，那就下床，在昏暗的灯光下做一些放松的事情，直到你觉得自己可以再次入睡为止。

育儿和养宠物也会干扰睡眠。为了让你的杏仁核保持平静，你要考虑合理的方法来保护你的睡眠时间表（不受干扰），比如分担照顾孩子的责任，仔细安排与孩子的活动，训练宠物遵循你的而不是它们自己的睡眠习惯，等等。通常情况下，人们不会认真对待自己的睡眠需求，甚至从未考虑过要求家人做出调整，从而错过了让杏仁核平静下来的机会。

当然，有时候实际情况不允许你遵循睡眠时间表。晚上，新生儿的父母不可能简单粗暴地对婴儿的需求不屑一顾，有些工作确实也需要长时间工作。希望限制你睡眠的生活情况是暂时的，你不应放弃对健康睡眠的追求。尤其是当你觉得焦虑加剧时，你一定要记得尽快回到健康的睡眠时间表。

你的饮食和运动习惯会影响良好的睡眠吗？

☐你在下午3点以后喝（含有）咖啡因（的饮料）吗？

☐你在睡觉前的两三个小时吃大餐或辛辣的食物吗？

☐你为了助眠喝酒了吗？

☐你很少运动吗？

☐你在深夜锻炼吗？

吃的和喝的东西会影响你的睡眠质量，咖啡因的影响尤其显著。咖啡因通过增加入睡所需的时间和减少总睡眠时间来干扰睡眠。它还可以激活杏仁核和交感神经系统，从而增加皮质醇（一种压力激素）和血压的水平。人们对咖啡因的敏感度不同，所以有些人的反应比其他人更强烈。事实上，对咖啡因的敏感性与某些基因有关，这些基因也与惊恐障碍有关。人们可以对咖啡因产生耐受，但它仍然对交感神经系统保持同样的激活作用，所以经常摄入咖啡因的人也会感受到它的负面影响。所有这些发现都表明，如果你想让你的杏仁核和你的身体准备好睡个好觉，那么你最好在睡前6小时内避免摄入咖啡因。

其他种类的食物和饮料也会干扰睡眠。虽然酒精能促进放松，让你更快入睡，但它也会降低睡眠质量，干扰大脑的典型睡眠阶段，并抑制夜间早期的快速眼动睡眠。因此，不建议使用酒精作为助眠剂。此外，睡前吃辛辣食物或吃得太多会导致消化不良，影响睡眠。

现已证明，白天进行锻炼可以改善睡眠质量，但锻炼的时间很重要。在睡前一小时内进行体育活动可能会使入睡困难并缩短睡眠时间，尽管一些研究人员认为这不是对每个人的睡眠都会产生负面影响。因此，如果你觉得晚上锻炼很方便，你就需要确定晚锻炼是帮助你入睡还是让你更难入睡。

你的睡眠环境会影响你的良好睡眠吗?

☐ 你的床是否不舒服或是太小了?
☐ 你经常在床上看电视、用电脑工作或看手机吗?
☐ 你的卧室是否太亮、太热、太冷或太吵而让你无法入睡?
☐ 你用电热毯保暖吗?
☐ 你是否经常因为环境中的某些因素而醒来,难以入睡?
☐ 你的伴侣是否会有动作、声音或设备干扰你的睡眠?
☐ 你的孩子或宠物和你睡在同一张床上吗?

为了获得良好的睡眠,你需要一张舒适、满足你需要的床,以及一个凉爽、安静的环境。适合睡眠的最佳室温是 65 华氏度(℉)[①]左右,因为你的核心体温在夜间需要降低。事实上,入睡和早起的困难都与身体核心温度升高有关。虽然给皮肤加热(例如,热水浴)可以帮助人们入睡,但身体需要冷却才能产生适当的睡眠循环。热(尤其是湿热)已被证明会干扰睡眠,因此让电热毯整夜开着可能会增加核心体温并干扰睡眠。反馈控制的温度调节或使用衣物(如袜子)来提高身体特定部位的温度,可以使核心体温保持在适合睡眠的水平。

[①] 摄氏度(℃)和华氏度(℉)之间的换算关系为:$F=C \times 1.8+32$。——编者注

除了温度，光照是对人类昼夜节律影响最大的环境因素之一。为了能够轻松入睡，我们白天要充分暴露在阳光或明亮的光线下；同样重要的是，要限制晚上的光线照射。现代生活中，人们并不总是能够做到这一点。我们创造了持续明亮的环境，而且经常在晚上刷剧或刷社交媒体，而不是放松下来准备睡觉。为了让我们入睡，大脑依靠黑暗来判定什么时候释放合适的激素。光线，尤其是数码设备发出的蓝光，会延迟睡眠激素褪黑激素的释放，使睡眠更加困难。晚上的光照也会减少快速眼动睡眠时间。

常规就寝时间很重要，它可以让你的大脑为睡眠做好准备。你可以调低恒温器，调暗灯光，关掉电子设备，做一些更放松的活动，比如读书。即使你已经做过了简单的活动，比如穿睡衣、洗脸和刷牙，只要你保持一致的作息习惯，你也可以帮助你的大脑认识到睡眠就要来了。事实上，我一般不会在晚上8点以后刷牙，否则我会开始感到疲倦，因为我的大脑将晚上刷牙与入睡联系在了一起。我们要特别要注意蓝光，睡前至少一个小时不要看屏幕，至少不要长时间盯着屏幕。

如果有孩子或宠物和你同床共枕，你就很难获得高质量的睡眠。当你对宠物的需求作出反应时，你应该权衡睡眠的重要性，并以一种保护睡眠的方式训练它们。你也应该安排孩子睡在他们自己的床上，即使这可能需要一些时间（从与父母合睡）过渡（到独立睡眠）。这也适用于成年睡眠伴侣。如果你伴侣的睡眠影响到你的睡眠——也许他们打鼾，使用呼吸机，或者整夜翻来覆去，你可以考虑分房睡。你们的关系可能会因为焦虑降低而改善，而不间断的睡眠在这方面起着关键作用，所以你应该和你的伴侣讨论一下应如何选择。记住，即使只起床 15 分钟，你的睡眠周期也要重新开始，这对你的杏仁核和接下来一两天的生活质量都有很大的影响。

你的思想或觉醒程度会影响睡眠吗？

☐ 你入睡有困难吗？

☐ 你上床睡觉时会担心吗？

☐ 你会在电视机前睡着吗？

☐ 你很难放松下来入睡吗？

☐ 你晚上经常醒来吗？

☐ 你是否经常因为自己的心思而醒来，难以再入睡？

☐ 你是否做过噩梦、夜惊、梦游或梦呓？

☐ 当你想保持睡眠状态时，你是否比需要的时间更早醒来和起床？

如果人们对这些问题的回答是肯定的，一个常见原因是杏仁核的影响。当我们焦虑或担心某事时，杏仁核产生的唤醒作用可以使我们无法入睡或过早醒来，或者它会导致我们出现睡眠异常（例如夜惊、梦游）。虽然这能使我们的祖先免于被游荡的老虎吃掉，但在现代世界，整夜保持警惕通常没有好处。应对杏仁核产生兴奋的最好方法是深呼吸和肌肉放松，正如你在第六章学到的那样。如果你放松了自己，杏仁核也就会放松，你就更容易入睡了。

但仅仅专注于减少兴奋并不总是有效的，因为思想也可能是一个问题。通常，当人们躺在床上时，他们会发现自己正在产生各种各样的担忧或引发焦虑的想法。这些想法会激活杏仁核。因此，如果你躺在床上开始担心第二天的财务状况或任何对你（来说）重要的事情，那你就正在激活你的杏仁核，这可能会阻碍睡眠。这就是人们在电视机前更容易入睡的原因：无论他们在看什么，都会分散他们的注意力。

许多睡眠困难的人试图清空他们的思想，但大脑的本性就是产出思想。因此，当杏仁核激活的想法让你保持清醒时，一个更有效的策略是用更中立的想法取代这些想法。就像看电视一样，你可以改变大脑中的频道，这样你就可以专注于另一个想法。要做到这一点，你可以在手机、电视或 iPad 上听播客、有引导的冥想或有声读物——只要你尽量减少看屏幕。唯一的要求是，你要把注意力集中在你所听到的内容上，这样你的思想就不会偏离到激活杏仁核的区域。你可以找到许多有引导的冥想和其他帮助睡眠的应用程序。

在寻找应用程序时，请记住，听音乐通常不如听别人说话有帮助，因为音乐不会像纯粹的话语那样能够打断和取代你的想法。想想看，当别人和你说话时，你很难把注意力集中在自己的想法上。只是要小心，不要听太有趣或太刺激的东西，记住你的目标是入睡。例如，你可以重复听同一本书，把你的注意力集中在一些中立的事物上，而不一定是学习或体验任何新的东西。这个技巧不仅能帮助你快速入睡，而且还能帮助你在晚上或清晨醒来时重新入睡。它还可以帮助你在噩梦之后重新入睡，因为它让你专注于其他事情而不是噩梦。

当我们处于压力之下，或者即将有令人痛苦的事情发生时，担心在所难免，但是我们不应在床上专注于这些事情。你要使用这些技巧来尽快入睡。如果你觉得不得不花点时间去担忧，那就在白天——在你特别安排的担忧时间而不是在你需要睡觉的时间去担忧。每当你发现自己在计划的担心时段之外担心时，就在心里记下它，把你担心的事情列个表，等到了原先计划好的担心时段再去处理。在第十三章中，我们将详细讨论如何做到这一点。

助眠药效果如何？

虽然一些药物可以改善睡眠，但你应该谨慎使用。它们通常不适合长期使用，因为有副作用。某些助眠剂还比其他的同类药物更危险。苯二氮䓬类药物，如阿普唑仑（Xanax）和氯硝西泮（Klonopin），以及"Z-药物"催眠药，如扎来普隆（Sonata）、唑吡坦（Ambien）和艾司佐匹克隆（Lunesta），对杏仁核有放松、镇静的作用。但如果你经常持续使用它们，就会受到许多负面影响，包括失眠、焦虑加剧和抑郁。它们被认为是高风险药物，特别是对老年人而言，因为它们会影响平衡感、加重认知障碍，并增加患痴呆症的风险。因此，你要在医生的严格监督下使用它们，这一点很重要。自然产生的激素（如褪黑激素）和非处方药（如苯海拉明）比苯二氮䓬类药物或Z类药物的风险要小。但在尝试助眠剂之前，你仍然应该咨询医生。

考虑到药物辅助睡眠的风险，我建议你寻求更有效和持久的方法来解决睡眠困难，比如失眠的认知行为疗法（CBT-I）。它已经被证明了治疗失眠的有效性。无论这种疗法是由治疗师提供、通过互动的互联网程序，还是通过电子邮件而实施，它都是有效的。本章讨论的许多睡眠卫生和睡眠环境建议都是基于CBT-I原则，放松和深呼吸也是其中常用的方法。许多睡眠问题可以通过CBT-I有效解决。CBT-I结合了本章未涉及的其他更复杂的干预措施，包括生物反馈和睡眠限制（即使用剥夺睡眠来促进睡眠）。

获得健康睡眠

在检查了你对本章简短调查的回答后,你可能会意识到你的一些习惯和生活环境会增加杏仁核的激活频率。它可能会变得更加活跃,使你焦虑、警惕、紧张、易怒,甚至恐慌。希望本章的信息能帮助你理解大脑中正在发生的事情,这样你就能认识到你的感觉并不一定能反映你生活中的危险情况,它们只是反映了你的杏仁核没有得到足够的睡眠。

以下是我们讨论过的健康睡眠指南的总结。这些指导方针以如下两点为基础:目前的研究和基于证据的 CBT-I 失眠治疗的方法。它们旨在帮助你做出必要的改变来增加快速眼动睡眠。虽然你不可能完成清单上推荐的所有内容,但你能做到的越多,你就越有可能获得驯服杏仁核所需的睡眠。

健康睡眠习惯指南

- 早点上床睡觉,保证 8 小时不受打扰的睡眠。
- 确定不变的入睡和起床时间。
- 避免午睡,除非是 10 到 20 分钟的小睡。
- 不要在床上工作或做其他活动,这样你的床就主要用来睡觉了。
- 限制咖啡因的摄入,下午 3 点以后停止饮用含咖啡因的饮料。
- 不要将酒精作为助眠剂。
- 睡前两到三个小时不要吃大餐或辛辣食品。
- 每天至少锻炼 30 分钟,每周至少锻炼 3 次。
- 睡前一小时不要做剧烈运动,可以做瑜伽。
- 营造有利于睡眠的睡眠环境。这包括:
  - 有一个安静、黑暗、凉爽的房间;
  - 有一张舒适、有支撑作用的床;
  - 不要和孩子、宠物或影响睡眠的伴侣一起睡觉;
  - 避免在床上看屏幕。
- 白天要充分暴露在明亮的灯光和阳光下。
- 睡前数小时内减少光线照射,至少睡前一小时避免看屏幕。
- 每晚睡觉前把灯调暗,做一些常规的夜间活动,训练大脑的睡眠期待。
- 在床上使用肌肉放松和呼吸技巧来为睡觉做准备。
- 如果担心或焦虑的想法干扰了你的入睡能力,那么,你可以试试听有声读物、播客或有引导的冥想,用中性的想法取代这些想法。记住要限制屏幕的光线照射。

第七章 睡眠如何影响你的杏仁核？

- 如果你在 30 分钟后还不能入睡，那就起来，在光线较暗的环境下做一些放松的事情，直到你感到困倦，然后再试着上床睡觉。
- 尽可能避免使用助眠药，即使有医生处方，也要有所限制地使用。

即使你只能在一周的部分时间里遵循这些指导方针，你也会发现你的杏仁核不太可能产生防御反应或恐慌发作。你可能还会发现记录每晚不受打扰的睡眠时间很有帮助，这样你就能知道自己是否达到了 8 小时或更长时间的睡眠目标。如果你在做《每日焦虑记录》（从第一章开始），那么你可以把它加进去，看看你的焦虑程度和前一晚（或前几晚）不受打扰的睡眠时间之间是否存在关系。你可以将被打断的睡眠记录为单独的小时数（比如 4 + 3，而不是 7），因为最长的快速眼动睡眠发生在连续睡眠 4 小时或 5 小时之后。希望当有更多的机会进入快速眼动睡眠时，你的焦虑会减少。

第八章

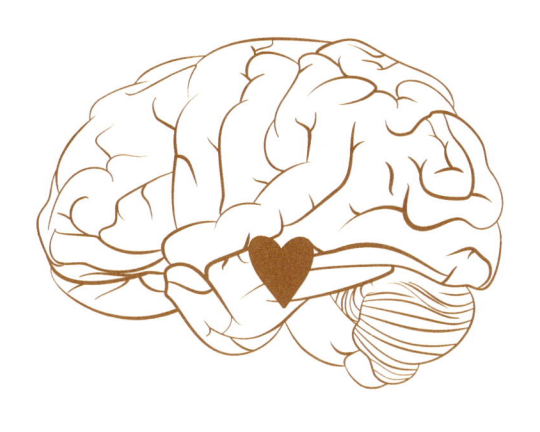

运动和饮食如何影响杏仁核?

运动如何影响你的杏仁核？

到目前为止，你已经了解到，当杏仁核激活防御反应时，你身体的许多变化会为你准备好以下努力：战斗或逃跑。换句话说，杏仁核会为你肌肉的发力做准备。因此，体育活动有平静杏仁核的效果，这并不奇怪。这就好像你做了杏仁核认为必要的事情，所以它停止了产生防御反应。事实上，当我感觉到身体的防御反应时，我经常对自己说："我的杏仁核想让我逃跑。"我会经常做一些运动，用我相信会满足杏仁核的方式使用肌肉。

当你感到有压力或焦虑时，运动可以通过两种特定的方式有效地管理你的杏仁核。第一，参加某种形式的有氧运动。杏仁核的防御反应会启动肾上腺素的释放、增加肌肉的紧张程度，并使血液流向你的手臂和腿部，所以你不妨让你的身体做它准备做的事情。例如，我的一个朋友在开车的时候很容易焦虑，所以他学会了把车停在休息站，慢跑10分钟左右。尽管锻炼不太可能解决导致你焦虑的情况，但它仍然有可能减少你的焦虑，因为当你的杏仁核试图保护你免受潜在危险时，它只有有限的反应（即战斗、逃跑或木僵）。第二，多项研究表明，定期参加体育活动可以降低焦虑水平，也可以降低抑郁程度。因此，如果你没有定期锻炼的习惯，那么你应该考虑这样做。经常锻炼的一些效果与防御反应直接相关。例如，运动影响交感神经系统和下丘脑–垂体–肾上腺轴（HPA）的功能，从而使防御反应不太可能被激活。你可能还记得交感神经系统和下丘脑是防御反应的重要推手，所以当你找到一种减少防御反应的方法时，你就瞄准了焦虑的根源。

有规律的锻炼似乎也会引起杏仁核的变化，使其不太可能被激活。例如，研究表明，运动可以导致新的神经生长，并可以加强杏仁核与大脑其他部分之间的联系，使杏仁核保持平静。此外，某项动物研究表明，如果老鼠有机会在笼子里的轮子上奔跑，那么这个行为会促进其杏仁核中使用血清素的神经元的变化，从而降低它的防御反应。如果你着手有规律的锻炼计划，那么你的杏仁核也可能会发生类似的变化。

任何一种有氧运动（增加呼吸和心率的那种）都会产生这种效果。下面的运动兴趣清单为你提供了多种可供选择的运动。但在开始锻炼计划之前，你应该考虑你的年龄和目前的健康状况。有些情况，比如受伤、糖尿病、关节炎、心脏问题、呼吸问题，可能会影响你进行某些锻炼。你也许只能进行某种类型的运动，比如散步或温和的水中有氧运动，或者你可能需要使用运动以外的方法来影响你的杏仁核。如果你对开始增加运动量有任何顾虑，那么请咨询你的医生。不要高估有氧运动的难度，仅仅步行 30 分钟就是一种有效的有氧运动。

我无法告诉你我有多少客户通过在生活中加入有规律的锻炼，降低了他们的总体焦虑水平，减少了他们恐慌发作的频率。研究表明，持续的运动甚至可以引发大脑的一些变化，这些变化与血清素再摄取抑制剂（SSRIs）或血清素和去甲肾上腺素再摄取抑制剂（SNRIs）的疗效相同。例如，在使用 SSRIs 和 SNRIs 后，个体在杏仁核、海马体和皮质中表现出神经生长（即神经发生），进行常规运动也会产生同样的效果。在某些情况下，我的客户有一段时间想要戒掉药物，可能是因为怀孕，或者是为了确定是否仍然需要药物，通过执行有规律的锻炼计划，他们能够在医生的指导下安全地、更顺利地过渡到没有药物的生活。具体的运动兴趣量表请参考章后**工作表 8-1**。

锻炼可以用来应对焦虑或恐慌，有氧运动是快速减少杏仁核激活的最好方法之一。例如，我的一位患有社交焦虑症的青少年客户在很多社交场合会感到焦虑和不安，比如，在她家举行的年度家庭聚会中。但当她离开家庭聚会，在附近慢跑了一会儿后，她发现自己会突然平静很多，可以和姑妈、叔伯、堂兄弟姐妹们轻松地交谈了。在这种特殊情况下，她的杏仁核对锻炼的反应给她留下了深刻的印象，以至于她有动力把慢跑作为应对其他情况的策略，比如即将到来的考试或与朋友的争论。

当你感到焦虑时，做 10 到 15 分钟的有氧运动也会很有帮助。即使只是轻快的散步或伴着音乐跳舞，你也可以通过锻炼激活身体的大块肌肉群，从而让杏仁核平静下来。参加体育活动还可以改善你的睡眠、提高警觉性和注意力、降低胆固醇和血压。由此我们能看到运动带来的显著的、积极的变化。

饮食如何影响你的杏仁核？

你知道饮食也会影响你的杏仁核吗？虽然大多数人都知道咖啡因和焦虑之间的联系，但许多人没有意识到糖也会对焦虑产生影响。因此，仔细观察你的饮食习惯是很重要的，以确保你的饮食能让你保持平静，而不是增加你身体的压力。

咖啡因

咖啡因——世界上最流行的药物之一，已被证明能通过激活交感神经系统和启动肾上腺素的释放来增加焦虑感，就像防御反应一样。虽然我们中的一些人可以毫不费力地处理咖啡因，但那些杏仁核已经高度被激活的人可能会发现，咖啡因会导致过多的额外神经系统刺激，从而造成不必要的血压增高、心跳加快。

对咖啡因的敏感性因人而异，并且似乎会受到基因的影响。为了评估你对咖啡因的敏感程度，你需要知道咖啡因来自何种饮食、摄入的剂量如何。大多数人都知道咖啡、茶、能量饮料和许多软饮料中都含有咖啡因。但这些饮料中的咖啡因含量差异很大，滴滤咖啡的咖啡因含量几乎是速溶咖啡的两倍，而许多含咖啡因的茶的咖啡因含量只有咖啡的一半。你可能也会惊讶地发现，不同品牌的咖啡中咖啡因的含量不同，巧克力中也含有咖啡因。你可以在网上找到关于不同咖啡因来源和咖啡因含量的详细信息。

每当你想知道为什么你的焦虑会加剧或为什么你会恐慌发作时，不要忘记考虑咖啡因的摄入。虽然对咖啡因敏感的人通常都很清楚这个事实，但有些人完全没有意识到一杯看似无害的咖啡会影响他们的焦虑水平。例如，我的一位客户在成功学会控制自己的强迫症后，又回来接受治疗。他告诉我，他找到一份新工作后，症状又回来了。他再次难以抗拒此欲望：清洁强迫。当我们讨论他的新工作时，他说他可以在办公室无限制地喝咖啡，所以他开始喝很多咖啡。当我建议他少喝咖啡时，他很快意识到是咖啡导致了他的症状加重。他打电话给我说："我不需要再预约了。我不再喝咖啡了，感觉自己又恢复到正常状态了。"

然而，如果你的饮食中经常含有咖啡因，那么突然减少咖啡因摄入很可能会导致戒断症状，包括头痛、疲劳、精力不足、肌肉疼痛、注意力不集中、易怒，甚至焦虑。由于咖啡因的缺席，你的大脑需要作出调整适应，这些症状通常会在两到七天内消退。如果你决定从饮食中完全去除咖啡因，那么用类似的食物或饮料来代替可能会有所帮助，例如，用不含咖啡因的花草茶来代替你平时喝的咖啡。这样你仍然可以享受日常生活中的舒适。

你可能也没有必要完全从你的饮食中去除咖啡因，选择以下做法即可：减少咖啡因的摄入量或限制摄入咖啡因的时间。但别忘了，咖啡因会干扰疲劳的感觉和正常的睡眠周期，而良好的睡眠对调节杏仁核的功能至关重要。很多人说咖啡因不会影响他们的入睡能力，但这并不意味着他们的睡眠不受影响。研究表明，摄入咖啡因的人睡眠时间更少，睡眠质量更差，这一点可以从其睡眠第三和第四阶段的减少和脑电图慢波活动的抑制中得到证明。咖啡因在摄入后会在体内滞留6小时，所以如果你在下午摄入了咖啡因，当你上床睡觉时，它很可能仍然存在于你的大脑中。你要确保睡前至少6小时不摄入咖啡因，以减少咖啡因对睡眠的负面影响。

糖

饮食中的糖含量是影响杏仁核的另一个重要因素。如果你吃得不规律：长时间不吃东西，然后一有机会就吃得很多，你的血糖（葡萄糖）水平就会有很大的波动。这些波动肯定会引起杏仁核的注意。这是因为杏仁核有监测血糖水平的葡萄糖感应区域，所以它知道你什么时候血糖水平低，即使你自己没意识到这一点。某项对动物的研究表明，在血糖水平较低的时候，杏仁核被激活的频次会增加，从而会导致更高程度的焦虑。因此，为了防止杏仁核做出反应，建议你全天保持稳定的血糖水平。

  对许多人来说，关注自己的血糖水平是驯服杏仁核的基本知识。葡萄糖是我们细胞的燃料，尤其是脑细胞，它比人体任何其他器官消耗的燃料都要多，所以杏仁核会把葡萄糖的缺乏理解为一种明确而现实的危险。就像车上的"低油量"指示灯让你知道油箱什么时候快空了一样，杏仁核会做出反应，提醒你大脑中潜在的、可怕的情况：低血糖。低血糖（被称为低血糖症）的发生有多种原因，比如不吃饭、吃得比正常情况少，或者患有糖尿病。有些人对低血糖症比其他人更敏感。下面列出了许多低血糖的常见症状。

低血糖的症状

  想想当你饭后三四个小时没有吃任何东西，早上醒来还没有吃早餐，或仅摄入了非常甜的食物或饮料，然后一个多小时没有吃其他食物时，你的感觉如何。如果你出现以下任何症状，那么它可能是由于低血糖的影响。在这其中你遇到的症状前打个钩。

☐ 易怒

- ☐ 头痛
- ☐ 感到不知所措
- ☐ 疲劳
- ☐ 饥饿
- ☐ 头晕
- ☐ 跳动
- ☐ 喜怒无常
- ☐ 想吃甜食、碳水化合物或含酒精饮料
- ☐ 心跳加速或不均匀
- ☐ 颤抖
- ☐ 混乱
- ☐ 注意力难以集中
- ☐ 虚弱
- ☐ 协调性受损
- ☐ 恐慌

可以看出，这些症状中的许多种与我们在其他杏仁核被激活的情况下感受到的非常相似。这并不奇怪，因为当人们经历低血糖时，肾上腺素就会被释放出来。这既是身体对低血糖的一般反应，也是杏仁核的随机反应。当这些症状的原因是低血糖时，我们只要摄入一些增加血糖的东西，比如果汁或一些硬糖，这些症状就会消失。然而，我们的身体最

好有稳定的燃料供应，这样我们就可以避免体验低血糖水平，因为大脑在低血糖后可能需要一个小时才能恢复正常功能。

虽然我们都会时不时地患上低血糖症，但因为我们的日常饮食、饮食计划、常规锻炼或其他生理因素不同，我们中的一些人更容易患有此症状。建议你做一个简单的测试来确定你是否容易患低血糖症。如果是的话，你可以调整一些生活方式来保持稳定的血糖水平，以避免这个问题。白天有规律地进食很重要，这样你就不会长时间缺乏补充身体和大脑活动所需的能量供应。此外，在运动之前，确保吃点食物，让你的肌肉获得足够的葡萄糖，这样你的运动就不会导致低血糖了。在锻炼前两到三个小时要吃豆类、全麦面包和意大利面等食物，而水果应该在上述食物之前吃。你的身体，尤其是你的大脑，需要从葡萄糖和其他糖中获取能量。

在检查自己的饮食时，重要的是要知道各种各样的糖，包括白糖、红糖、蜂蜜、糖蜜、果糖和玉米糖浆都会影响血糖水平的稳定性。甜食和饮料会导致血糖水平迅速上升，因为身体加工并消耗这些食物中的糖分时速度很快。但随后血糖水平会迅速下降，因为我们的细胞很快利用了糖分。当这种快速上升和下降发生时，杏仁核的反应就像发现你车里的汽油量突然减少一样："哦，不！"水果和果汁中的果糖对血糖有类似迅速的影响，土豆、意大利面、白面包、糖果和饼干等碳水化合物也是如此。

然而，并不是所有的碳水化合物的制造模式都是一样的。加工过的碳水化合物，如白面包、意大利面、白米饭、甜麦片、饼干、薯片和椒盐脆饼，被身体吸收利用得更快，导致血糖水平出现更剧烈的波动。不幸的是，经过加工的碳水化合物已经被分解成最基本的成分，几乎没有营养价值，所以你需要吃更多的食物来获得一天所需的营养。例如，在制作白面粉的过程中，小麦的麸皮和胚芽连同20种不同的营养物质会一起被去除。即使"强化"面粉已恢复营养成分，添加的营养成分也仅有四种。

相反，复合碳水化合物不仅给我们提供了纤维、维生素、矿物质和营养物质，还供给我们葡萄糖。这些食物包括全麦面包、糙米、全麦面食、新鲜水果和蔬菜以及各种豆类。人体消化复杂碳水化合物的速度更慢，这有助于防止血糖急剧波动。尤其是当食物中含有纤维时，它们的分解速度会更慢。血糖指数是根据碳水化合物提高血糖的程度对它们进行分类的一种方法，它可以帮助你选择避免低血糖的食物。能促使血糖快速上升的食物会反映出较高的血糖值。表8-1提供了几种常见食物的血糖指数，不过你可以在网上找到几乎所有食物的血糖指数。

表8-1　常见食物的血糖指数

食物	血糖指数	食物	血糖指数
白面包	75 ± 2	苹果汁	41 ± 2
特制谷物面包	53 ± 2	橙汁	50 ± 2

续表

食物	血糖指数	食物	血糖指数
玉米饼	46 ± 4	草莓酱	49 ± 3
熟白米饭	73 ± 4	煮熟土豆	78 ± 4
熟糙米饭	68 ± 4	法式油炸品	75 ± 5
甜玉米	53 ± 5	煮熟甜土豆	63 ± 6
意大利通心面	49 ± 2	煮熟胡萝卜	39 ± 4
蒸粗麦粉	65 ± 4	冰激凌	51 ± 3
玉米面	81 ± 6	酸奶	41 ± 2
速溶燕麦片	79 ± 3	花豆	24 ± 4
苹果	36 ± 2	扁豆	32 ± 5
橘子	43 ± 3	爆米花	65 ± 5
香蕉	51 ± 3	炸土豆条	56 ± 3

你也可以将碳水化合物与其他食物组合来改变碳水化合物对血糖的影响。这对我们有帮助：将碳水化合物与蛋白质（如肉、鱼、蛋、豆类、坚果或乳制品）和非淀粉类蔬菜（如胡萝卜、花椰菜、蘑菇、菠菜或西红柿）组合起来食用。因为你的身体需要更长的时间来分解这些食物。吃各种不同血糖值的食物也能使葡萄糖逐渐释放，并持续一段时间。我过去常常向我的孩子们解释这一点，告诉他们仅仅吃某些食物就像点燃一根火柴，它不会发光很久。其他食物可以让你的能量燃烧更长时间，就好像你点燃了一支蜡烛。你应选择能让你保持能量燃烧的食物。

虽然糖替代品似乎是个不错的主意，但它们的目的是在我们的口腔中产生甜味，这会过度刺激糖受体，从而改变我们的味觉偏好。这会增加而不是减少我们对糖的渴望，还可能影响我们品尝其他食物的方式。人工甜味剂也被证明可以阻止神经递质血清素的产生，并导致焦虑增加。因此，我们应该努力减少糖的摄入量，把它留到特殊场合。具有讽刺意味的是，当你摄入更少的糖时，你的身体对它就不会那么渴望了。

你可能还会惊讶地发现，饮酒会严重影响血糖水平。许多酒精饮料含糖量很高，但即使饮用不加糖的酒精饮料也会导致低血糖。这是因为酒精的消化过程对肝脏提出了很高的要求，肝脏通常通过产生葡萄糖来维持稳定的血糖，所以摄入酒精会阻碍肝脏的工作。虽然患有焦虑症的人经常借酒浇愁，因为它能在短期内减轻焦虑，但他们没有意识到这可能会使血糖升高，因为他们的肝脏致力于处理酒精。在他们停止饮酒后血糖会迅速下降，这可能会导致他们焦虑症状的复发。血糖水平的这种下降可以在饮酒后持续12小时。因此，如果你想稳定血糖水平，那么戒酒是很重要的。下面的清单为你提供了一些预防低血糖的额外指导。

维持稳定血糖水平指南

1. 如果你一直有低血糖的问题，那么请咨询医生。

他会对你进行身体检查,包括评估你的血糖水平。医生可能会建议你进行葡萄糖耐量测试,以评估你的身体对血糖水平的反应。

2.通过适度食用高血糖指数的食物来预防血糖水平的飙升。

3.在醒来后不久和喝咖啡之前吃早餐,包括含有蛋白质的食物(如酸奶、鸡蛋、肉),因为咖啡因会在你需要补充能量时降低你的食欲。不要吃加工过的碳水化合物,比如加糖的谷物。选择全谷物和燕麦片,它们能为你的身体提供更长时间的能量。

4.吃各种各样的食物,包括蛋白质(肉、鱼、蛋、豆类、坚果或乳制品)和高纤维食物(全谷物和蔬菜),这样它们消化得更慢。

5.每天每顿少吃一点,吃点零食,这样你就可以持续为自己提供稳定的能量。

6.如果你在深夜或清晨醒来时出现焦虑症状,那么考虑一下是否是低血糖在起作用。睡前或醒来时吃一些含有复合碳水化合物或蛋白质的零食,有助于预防低血糖。

> 工作表 8-1

运动兴趣量表

为了让杏仁核趋于稳定,你可以定期锻炼。这意味着你每周应该进行 3 到 5 次不少于 30 分钟的活动。为了更容易做到这一点,你应该选择你有足够兴趣的活动。这样你就可以保持动力,定期进行锻炼。如果你经常做,那么你可以给自己选择一种有氧运动,让你的杏仁核更平静。用 1 到 5 的等级来评价你对以下每项活动的兴趣,1 代表"几乎不感兴趣",5 代表"非常感兴趣"。

_____ 篮球

_____ 骑自行车

_____ 划独木舟

_____ 有氧运动鼓

_____ 爬楼梯

_____ 越野滑雪

_____ 椭圆机

_____ 舞蹈视频锻炼

_____ 跳舞

_____ 爵士健美操

_____ 慢跑或跑步

_____ 开合跳

_____ 跳绳

_____ 皮划艇

_____ 跆拳道

_____ 推割草机

_____ 收集树叶

_____ 划船

_____ 铲雪

_____ 滑冰（旱冰、直排、冰上）

_____ 足球

_____ 动感单车

_____ 游泳

_____ 网球

_____ 跑步机

_____ 视频训练

_____ 排球

_____ 遛狗

_____ 在水中行走

_____ 步行或远足

_____ 水中有氧运动

_____ 尊巴舞

你能在这些活动中选择一个或多个为自己提供定期有氧

运动吗？你不必总是进行同样的活动，也可以进行各种各样的活动组合，只要你能坚持每周 3 到 5 次的 30 分钟有氧运动就行。这会让你看到自己焦虑程度的前后变化。慢慢地，你可以逐渐增加锻炼时间和频率。你也可以让朋友或家人加入你（的活动），因为有人陪伴可以让你更加坚定，保持定期锻炼。

CHAPTER 9

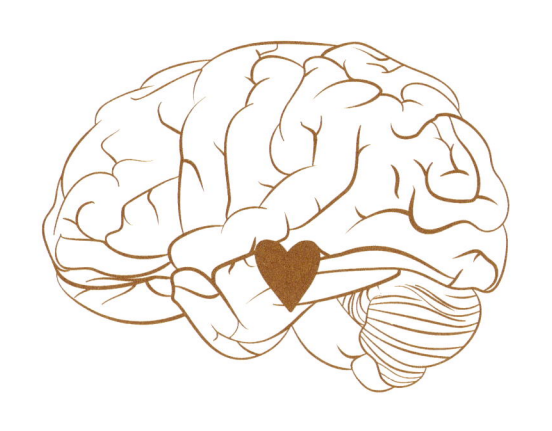

第九章

杏仁核如何制造触发点?

到目前为止，我们一直致力于帮助你更好地理解杏仁核，并寻找研究方法探究其运行原理。尽管第五章集中论述了杏仁核的语言，但并未强调有关交流层面一个很重要的因素：要想和脑部的杏仁核交流新信息，你就必须学习这种语言。学好这种语言你就能相应地使杏仁核做出不同的反应。

对很多物种来说，杏仁核的学习潜能很有价值。杏仁核会学习感知周边事物和情境中存在的威胁，并将其作为一种自我保护方式，而那些威胁是前几代人或我们一生中都不会经历的。也就是说，在生物的生命历程中，它会帮助生物调整自己以适应特殊的情境。设想一下，一只松鼠发现了一个用栅栏围起来的院子，院子里面长满了橡子。如果这只松鼠在这个院子里遇到了一件不好的事，例如，被小狗追，那么它的杏仁核就会做出反应，会认为这是一个危险的院子。那么，以后这只松鼠靠近这个院子时，它的杏仁核都会创造一个防御信号，让松鼠做好反抗、逃跑或一动不动的准备。这种学习与逻辑无关，同时也不需要任何的因果关系。这只松鼠只是同时经历了围起来的院子和狗。

同样，当你经历一件不好的事情，你的杏仁核可能会把和这件事相关的情景和物件认定为危险的信号，因为杏仁核会在联想的基础上从经验中学习。当一个特定地点或物体和一个消极的经历有关（或配对）时，杏仁核就会在大脑建立一个与恐惧相关的新的神经链接，并对该地点或物体做出反应。

神经元是大脑中特定的细胞，当两个不同的神经元同时被激活时就会形成记忆。你可能有听过卡拉·雪兹（Carla Shatz）的名句"一起放电的神经元是连接在一起的"。这就意味着当神经元之间产生连接时，记忆也就形成了。以松鼠为例，两组神经元同时放电，一组神经元加工在围有篱墙的院子的经历，另一组神经元则加工被狗追的经历。这就使松鼠的杏仁核产生神经回路，形成一个情绪记忆，把危险和围有篱墙的院子联系起来，导致其做出害怕的反应。

理解触发点

要想学习杏仁核的语言，我们需要理解它是如何生成触发点的：触发点是杏仁核与危险建立联系的节点，因而能够产生焦虑情绪及其他方面的防御反应。在前面的例子中，围着篱墙的院子对松鼠来说就是触发点。根据人的经验，各种各样的物品、实体、地点、情景以及感官刺激都可以是触发点。一些人会对拥挤的街道、教室或是公交车感到不适，而另一些人可能会被特定的声音或特定的味道所刺激。虽然你可能已经熟悉你的触发点，但你尚未意识到是杏仁核使你对这些触发点做出反应并产生的焦虑。章后的**工作表 9-1** 会帮助你更好地认识和理解你的触发点。

杏仁核生成的触发点通常与消极事件有关。在事情发生前或发生时，如果触发点被视为消极事件，就会产生关联。消极事件，是指任何导致人产生生理或心理上的消极反应的情形。这些消极反应包括：痛苦、不适、尴尬以及忧郁。

比如，当杰里米坐在利奥的车上时，另一辆车撞上了他们，利奥的车子彻底坏了。但幸运的是，杰里米和利奥仅受了轻伤。然而，这无疑也是一件令人苦恼的事。因为事故发生时，杰里米正坐在乘客座位上，所以，坐在乘客座上这件事（触发点）与事故（负面事件）相匹配。尽管杰里米以前从未在坐车时遇到麻烦，在这场事故之后，杰里米会发现，现在车上的任何一个乘客座位都会引发他的防御反应，如焦虑。虽然杰里米驾车时不会有任何焦虑，但只要当他坐在乘客座位上时，他就会产生焦虑的情绪（图 9-1）。

需要注意的是，触发点不一定是危险的，也不一定会导致消极事件发生。触发点只是与负面事件相关，因为当负面事件发生时，杏仁核就会产生一种情感记忆，并形成神经回路，将触发点与恐惧或焦虑的情绪联系在一起。结果，当触发点出现时，大脑就会习惯性地产生防御反应。同样，如果某些事物与令人愉快的事情相关，比如一双球队在赢得篮球赛季冠军时穿的鞋子，杏仁核也会产生积极的情感记忆。因为当你穿着这个鞋子时，积极的事情发生了，所以不论你什么时候看到它，你都不会将这份喜悦与鞋子本身相分离。

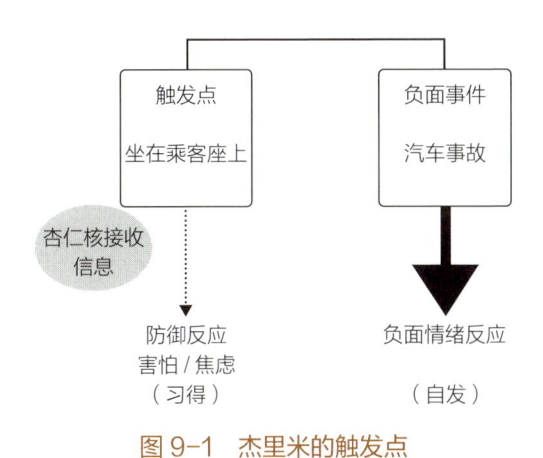

图 9-1 杰里米的触发点

由杏仁核产生的情感记忆不同于由大脑皮层产生的意识记忆。也许，你会有一些似乎没有意义的触发点，因为你记不得与这个触发点相关的负面经历。如果是这样的话，那么可能是你的大脑皮层并没有储存这段记忆，但杏仁核却储存了这段记忆。杏仁核会以一种完全不同于大脑皮层的方式形成记忆。大脑皮层产生的是故事型记忆，杏仁核产生的确是能够解释人的情感反应的记忆。所以，尽管你不记得危险产生的原因，但是你的杏仁核能记住这些触发点。

曾经，一名外科医生对他的一名患者进行了一个小的

"实验",很好地解释了这个过程。(请注意,我从未对这个实验表示过支持。)这名患者患有一种名为科尔萨科夫综合征(健忘综合征),这使其大脑皮层丧失了产生新记忆的能力。因此,即便已躺在病床上若干年,她仍无法记住日复一日来照料她的医护人员。因为这名患者完全记不得医生,所以每次医生进来时,都要重新介绍自己的身份。为了测试这名患者的记忆力,有一天,医生伸出手同她握手时,用藏在手掌里的针刺了她。在他第二次来查房时,当他靠近这名患者,并向她伸出手时,她害怕地将手缩了回去。当他问及患者为什么不握手时,病人说她不知道。尽管她不记得之前见过这名医生,但她仍不愿意同他握手。这就表明,尽管她的大脑皮层并未记住这名医生,但她的杏仁核却记下了这位医生给她带来的情感记忆。

在人的一生中,杏仁核一直在记录所有与负面情感相关的物体、位置、人或是情境,特别是那些引发负面情感反应的事情。它一丝不苟地将与负面事件相关的一切储存在记忆中,并用情感标签来识别它们。这样一来,每当再次遇到这个触发点时,杏仁核便会触发我们的防御反应。我们会针对一个消极事件产生多个触发点。例如,前文中描述的经历车祸的杰里米,他可能不仅会对坐在副驾驶座上这一事产生反应,还可能会对刹车时的刺耳声以及司机按喇叭声产生反应。

杏仁核甚至能对并非自己亲身经历,而是从他人身上观察到的消极事件产生触发反应。假设说，你的母亲对于游泳这件事感到恐惧，而你仅是察觉到母亲的恐惧，你的杏仁核就能获得一种对水的畏惧感。可以想象几个世纪以来，杏仁核对于人类而言是多么有用。因为它能让人类对先前发生在自己或他人身上的坏事产生畏惧感，也能够让人类通过观察他人对危险物所产生的恐惧感来鉴别该危险物。杏仁核能从经验中学习，它是人体中强大的防火墙。当你学习如何与杏仁核沟通时，请务必记住这一点。

既然你理解了杏仁核产生触发点的方式和原因，就要准备好更细致地关注个人触发点了。请记住，触发点和消极事件，都是来自感官的真实经历。触发点与消极事件的不同之处在于，人对触发点的畏惧是习得的，而大部分人对消极事件的消极反应是自发的。触发点所产生的情感在你的认知世界里，经常是毫无逻辑可言的。你会意识到，大部分人都不会对触发点做出相同的反应。通过继续阅读这本书，你就能够了解到更多关于触发点的信息，包括如何减少它对你的影响。

绘制触发点图表

确定杏仁核如何学习触发点的一种方法就是绘制触发点。在某些情况下，你可能对与触发点关联的负面事件有着非常清晰的记忆。例如，每当你看到大黄蜂时，你可能会感到焦虑，因为你记得小时候被其蜇伤过。在有些情况下，你可能不记得消极事件是什么，但你可以通过询问生活中的其他人（例如你的家人）来找出答案。例如，一位在吉姆·克劳（Jim Crow）时代长大的黑人妇女在童年时有这样一段经历：她在靠近种族隔离的泳池时被粗鲁地赶走了，而那时她正好穿着新的红色泳衣。她和她的母亲都对这段经历感到羞耻。从那天起，女孩再也不穿那件泳衣了。她甚至不喜欢穿任何红色的东西。虽然后来她不记得为什么，但她的母亲可以告诉她红色是如何成为她的触发点的。

在章后的**工作表 9-2** 中，你将有机会练习绘制一些假设的触发点。你可以依照图 9-2 中的图表进行绘制。

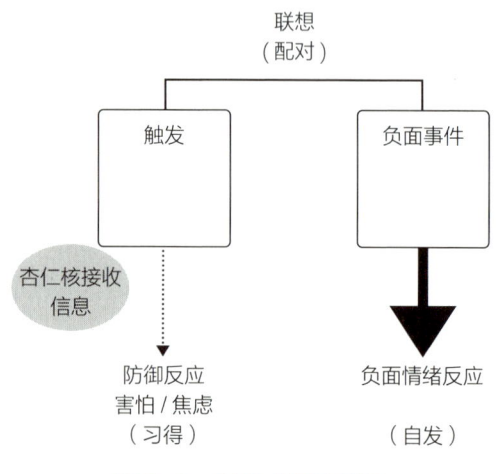

联想
（配对）

触发   负面事件

杏仁核接收信息

防御反应
害怕/焦虑
（习得）

负面情绪反应
（自发）

图 9-2　触发点图表模板

你可以尝试绘制自己的触发点图。请参考你在工作表9-1创建的触发点列表。对于每个触发因素，请考虑你开始以焦虑或回避来应对触发因素的时间。你还记得在触发点之后或同时发生的负面事件吗？如果还记得，请尝试绘制此关联。通过确定创建此触发点的情况，你可以更好地了解你的反应。如果你不记得触发点与负面事件相关的任何情况，那么你可能需要询问认识你很长时间的人，例如家庭成员。具体可如下般列出。

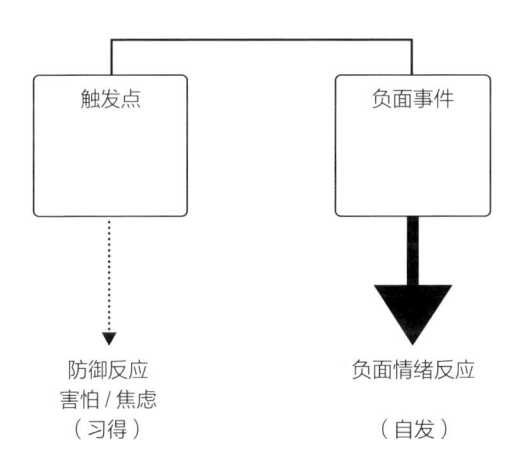

触发点 1:_____

```
           ┌──────────┬──────────┐
           │          │          │
        ┌──┴───┐   ┌──┴───┐
        │触发点│   │负面事件│
        └──┬───┘   └──┬───┘
           ┊          ▼
      防御反应       负面情绪反应
      害怕/焦虑
      （习得）         （自发）
```

触发点 2：_____

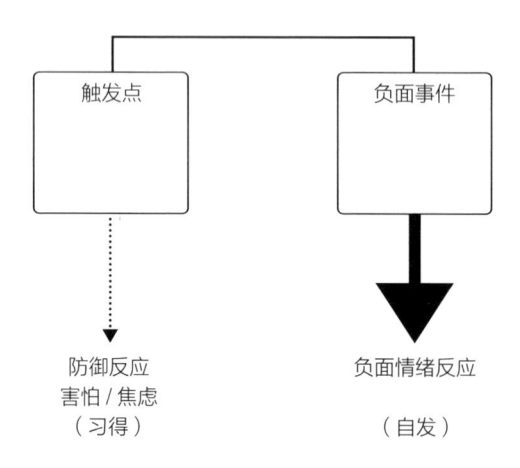

```
    ┌──────────┬──────────┐
    触发点              负面事件
      ↓                   ↓
  防御反应            负面情绪反应
  害怕/焦虑
   （习得）            （自发）
```

触发点 3：_____

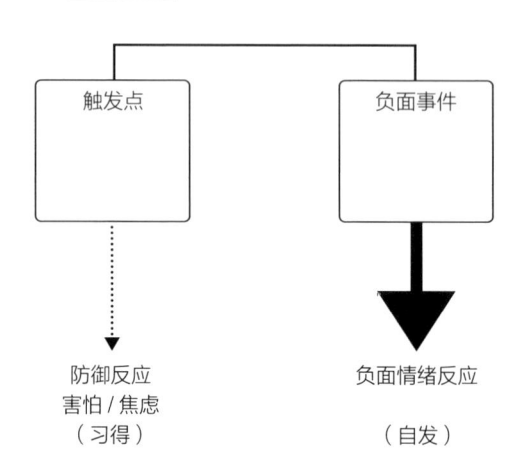

```
    ┌──────────┬──────────┐
    触发点              负面事件
      ↓                   ↓
  防御反应            负面情绪反应
  害怕/焦虑
   （习得）            （自发）
```

  学习杏仁核以联想为基础的语言可以帮助你理解杏仁核如何依靠过去的经验来确定它认定当今危险的物体或情况。

当你认识到为什么杏仁核会做出这样的反应时，它可以帮助你以新的眼光看待触发点。我们小时候产生的许多恐惧仍然存在，即使它们不再真正有意义。例如，我们中的许多人都厌恶听到我们的全名，因为它通常与陷入困境有关："玛丽！你做了什么？！"比尔·克林顿曾经说过，他仍然不喜欢别人叫他全名。一个人即使成为总统，但叫他的全名仍然会引发其负面的情绪反应，这不是很有趣吗？

这些负面的情绪反应将会一直持续，直到杏仁核获得改变其反应方式的新信息。请记住：触发点必须与负面事件配对，以便让杏仁核学会将该物件或情景标记为危险。如果你让自己暴露在触发点中，同时确保它没有与负面体验配对，那么杏仁核可能会学会不害怕触发点。然而，人们经常以这样一种方式生活：他们从不将杏仁核置于学习的情境中。例如，一个被祖母的狗撞倒的男孩对狗产生了恐惧，多年来一直避开狗，这使他的杏仁核无法学习如何克服对狗的恐惧。只要没有与狗发生新的体验，杏仁核就不会改变其反应。

让我们用一个例子来说明杏仁核新学习的过程。简在与家人一起越野骑行时，马儿受到惊吓，简从马上摔下后侧身跳了起来。她骑上母亲的马，母亲坐在她身后，回到马厩。简的家人继续鼓励她和他们一起骑马，但她害怕，不愿意去。最后，简的妈妈让她骑上一匹相对温顺的马，在马厩里走来走去。虽然简一开始很苦恼，但经过几次尝试后，她变得足够冷静，可以自己掌握缰绳。像这样锻炼了几次之后，简说她愿意把这匹马带到小径上。最后，简的妈妈成功让她尝试了骑那匹致使她摔倒的马。

图 9-3 说明了用于帮助简克服对马的恐惧的过程。对于简来说，骑马与从马上摔下来的负面经历有关。由于这种联系，骑马引起了简的防御反应，导致其产生了焦虑、恐惧和逃离事件的强烈愿望。简的杏仁核已经学会了识别骑马是危险的，这使它成为她的触发因素。但当简的母亲把她放在温顺的马上时，她为简的杏仁核提供了一个新的机会去学习。她反复将骑马体验与积极或中立的体验相结合，确保每次骑行都是愉快和安全的，从而允许新的学习发生。像这样逐渐

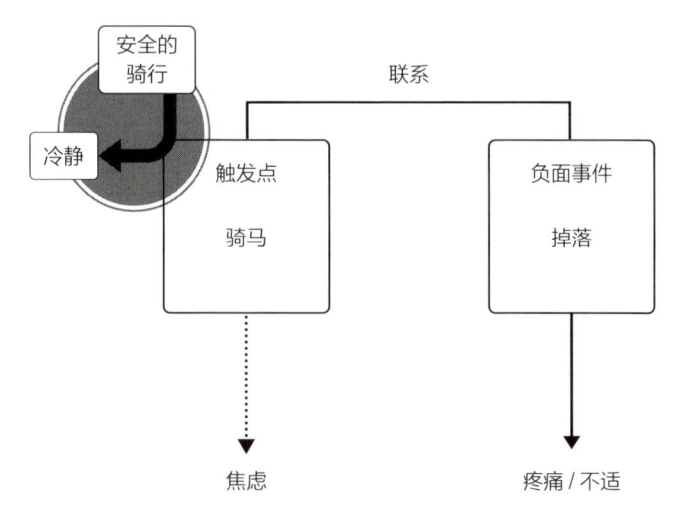

图 9-3 简克服对马的恐惧的过程

将负面事件暴露在我们面前，让我们逐渐适应的方法是改变杏仁核触发因素的方法。

正如我们所讨论的，你可能不知道某些东西成为触发点的原因是什么。但这没关系，你不需要为了让杏仁核平静，通过记住负面经历来形成新的经历。假设一个小男孩在一场小联盟比赛中不小心被球棒击中，棒球棒成了他的触发点。改变其杏仁核反应的最好方法是在不发生任何负面的事情的前提下反复让他接触棒球棒。最终，这将教会他的杏仁核做出不同的反应。随着新记忆的形成，杏仁核被激活的频率会减少。这个过程称为暴露，它将是下一章的重点。

识别阻碍你达成目标的因素

在进入下一章之前，我希望你能考虑下，如果你的杏仁核没有对某些诱发刺激产生防御反应，那么你的生活会有何不同。你能达成什么目标？使用章后的**工作表 9-3**能帮你识别阻碍你达成目标的诱发因素，因为它们是你首先想要克服的诱因。例如，美国亚利桑那州的一位景观设计师在调查项目现场时，她发现，对蛇的恐惧限制了她进行景观设计的能力。一位同样害怕蛇的纽约时装设计师就没有任何减少恐惧的必要，因为它不会影响她的日常工作或是职业抱负。你需要关注的是那些阻碍你达成预设目标的诱因。通过努力克服这些触发因素,就是你对杏仁核进行的改变。这将使你的生活变得不同。

工作表 9-1

识别你的触发点

在以下空白处，列出触发你焦虑的情形，包括地点、经历、人、动物、气味、声音等。给触发焦虑的因素列个清单，有助于你理解及运用本章节所读到的内容。

_____

_____

_____

_____

_____

_____

_____

_____

_____

_____

_____

_____

_____

_____

> 工作表 9-2

绘制触发点图表

通过识别触发点和负面事件，你可以使用前文图 9-2 中的模板，针对三种情况练习绘制触发点图表。请记住，触发点不一定是负面事件的原因，它只需要与之关联。这就是为什么有些恐惧似乎不合逻辑的原因。

正确答案在本章节末尾。

1. 在被一个剃光头的男人性侵后，丽贝卡每当和秃头男人在一起时都会感到焦虑。

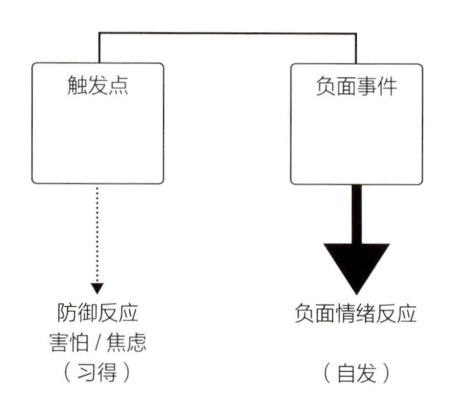

```
┌─────────┐      ┌─────────┐
│  触发点  │      │ 负面事件 │
│         │      │         │
└────┬────┘      └────┬────┘
     ┆                ▼
     ▼
  防御反应          负面情绪反应
  害怕/焦虑
  （习得）           （自发）
```

2. 杰森正在树林里散步，突然出现了雷暴。他附近的一棵树被闪电击中，爆炸时发出震耳欲聋的撞击声。现在杰森在树林里走路很不舒服。

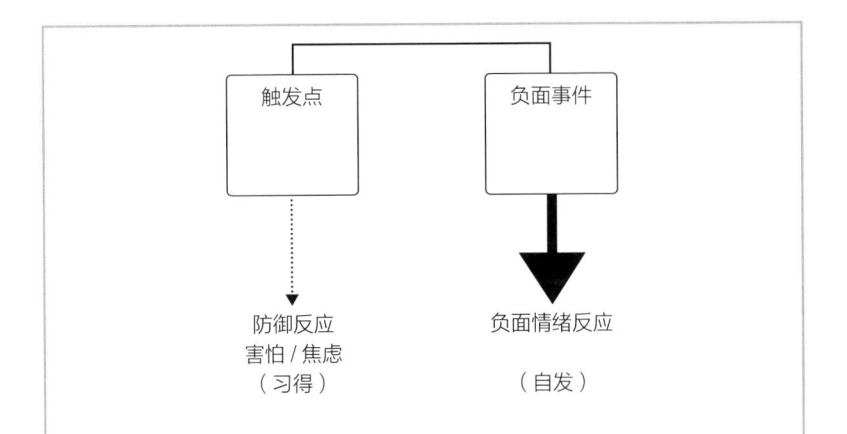

```
        触发点              负面事件
                              ↓
     防御反应          负面情绪反应
     害怕/焦虑
      (习得)              (自发)
```

3. 希瑟经常坐在大学教室的前面,因为她觉得这有助于她集中注意力。在一位教授取笑她给出错误的答案后,希瑟开始避免坐在前面。

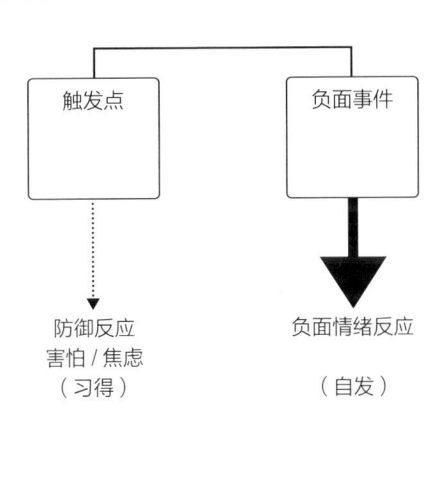

```
        触发点              负面事件
                              ↓
     防御反应          负面情绪反应
     害怕/焦虑
      (习得)              (自发)
```

工作表 9-3

识别阻碍你达成目标的因素

回顾第三章所列出的重要目标，找出三到四个现在对你来说最重要的目标。如果你的情况或优先项发生了变化，你也可以重新评估先前所分配的评级。

回顾本章的工作表 9-1，考虑表中哪些因素是干扰你目标的诱因。你的哪些目标被杏仁核对诱发刺激的应激方式所阻碍？这可以帮助你确定你需要关注的首要因素。当你考虑目标时，你可以将更多的诱因添加进表格中。例如，直到安东想到面试一份新工作的目标时，他才意识到与陌生人进行眼神接触这个触发因素，会干扰他的这个目标。

在这个过程中，下面的图表将会帮助到你。写下至少三个你想完成的目标以及阻碍这些目标实现的触发因素。然后使用第一章中"评估你的焦虑"表格，来评估每个触发因素对你焦虑程度的影响。

目标	阻碍目标的诱因	焦虑分数

> **绘制触发点图表的答案**
>
> 1. 触发点：秃头／光头　　　负面事件：性侵
>
> 2. 触发点：树／树林　　　　负面事件：闪电／爆炸
>
> 3. 触发点：坐在前面　　　　负面事件：被嘲弄

第十章

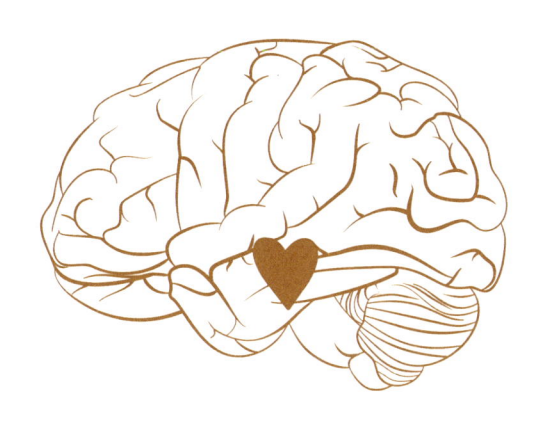

用暴露法教杏仁核

你在经历防御反应时,可能会感到恶心,或是焦虑不安,会有想要逃跑的冲动,甚至会有强烈的恐慌感。如果能关掉这种防御反应岂不是很好吗?难道你不认为杏仁核的应激反应是多余的吗?难道你不想摆脱因此产生的身体不适和焦虑吗?尽管杏仁核不能被理性的解释所控制或影响,但是你依然可以找到一个方法来教它做出不同的反应:以新的学习经验与触发点相配对。不论你的触发点是蜘蛛、一个等待你表演的观众,还是爆炸的声响,你都可以教你的杏仁核停止对触发点产生防御反应。

例如,如果罗德尼在中学有一次糟糕的科学项目报告的经历,那么在一群人面前讲话对他来说就是一个触发点。每当他要在一群人面前演讲时,他就会感到焦虑不安。在历史课上,他甚至宁愿在某一作业上拿F,也不愿意在全班面前做关于内战的演讲。有一位老师——克里纳夫人,帮助他的杏仁核学习了新的联想。在她的修辞学课堂上,她鼓励每一个学生每周做一次演讲,每一次演讲都难忘而有趣,这使得罗德尼战胜了在公共场合演讲的恐惧。在经历了一次又一次地在全班面前演讲后,罗德尼的杏仁核开始做出不同的反应了。

正如我们所指出的那样，故意向自己呈现触发因素的过程就叫作"暴露"。暴露疗法就是用联想的语言来教杏仁核做出不同的反应。杏仁核可能会由于先前与消极事件的联想而认定一个事物是危险的，但如果先前的联想不再出现，杏仁核就会学着做出不同的反应。在暴露的过程中，你会有意地在触发因素上花费时间，确保它不再与某一消极的经历相配对，以刺激神经回路往你想要改变的方向改变。就好比你需要热水来泡茶，你需要刺激神经回路来改变杏仁核。

通常情况下，人们仅将自己暴露在触发因素之下一次，就会错误地认为他们已经尝试过了暴露疗法。然而，在暴露疗程中，触发因素不能仅仅只出现一次，而是要让它多次"暴露"，直到这个人能够在这样的情景下保持不焦虑。一次中立或积极的触发经历是不足以教会杏仁核的，反复"暴露"是很重要的。而且，如果你想要教会别人的杏仁核不要将某一触发因素识别为危险，那么在这一过程中，最重要的就是不要让他受到伤害、嘲弄，也不要将他置于某一种危险当中（或是一种危险性威胁）。这一类的经历只会加强杏仁核先前接收的消极信息。

但是，你也会意识到，在暴露过程中发生一些消极的事情在所难免。在暴露过程中，人也还是会感到焦虑、害怕、悲伤。这是因为,从定义上说,某些事物就是会导致杏仁核产生防御反应,从一开始就没有任何方法能够在不产生任何不安情绪的前提下,将杏仁核暴露在触发点之下。暴露疗法就是一个"没有付出就没有收获"的过程。尽管这个暴露的过程会令你不适,但是你还是需要一直待在暴露环境中,直到你的恐惧与焦虑减轻。如果你一直避免接触你的触发因素,那么就不可能让你的杏仁核做出学习和改变。尽管,作为人而言,避免接触触发点是一件很自然的事情,我们总是会尽力不去遭遇或待在那些会给我们带来害怕与不安的情景中,总是会避免让杏仁核持续控制我们的生活,但同时你实现目标的能力也会受到限制。因此,当你发现逃避妨碍了你的目标时,你就会意识到暴露才是问题的解决方法。

尽管这个过程很具有挑战性,但希望你明白,如果杏仁核没有长时间暴露在触发点之下,就没法感受非负面情景,它也就无法做出改变。保持暴露和相信恐惧焦虑最终都会减轻是很重要的,尽管生理上说,你的身体不可能永远处在一个被激活的状态。杏仁核是会学习的,当它意识到不再有危险存在时,它就会停止产生防御反应。你要敞开心扉面对不适,遏制逃避的冲动,同时告诉自己:"我会一直暴露在触发点之下,直到我的杏仁核接收到'在这一触发点之下我也是安全的'这样的信息。"

当你的杏仁核学习时，你会真正体验到变化。你会感觉到焦虑和其他方面的防御反应在减少，这个感觉可能会很明显。我有个客户曾说："我都不知道我还能做到这样！我只要待在这个情境下，杏仁核就在学习！"尽管你可能几年来甚至数十年来都在害怕某一特定的触发点，但只要有一段与触发因素相关的新的积极的经历，杏仁核就会得到它所需的新的信息进而学习。令人欣慰的是，经历的痛苦终有回报。确认杏仁核学习过程的方法是使用第一章的**"焦虑程度评估量表"** 进行评估。你可以在暴露疗程中，体会自己对触发因素做出的反应，运用第九章末的量表评估你的触发点，观察你的分数变化。

你可能会发现，你只是简单回忆你的触发点，都会产生焦虑。这是正常的。它表明你已经成功吸引了杏仁核的注意力。通常情况下，暴露疗法的第一步是在直面触发因素之前先考虑一下。最终你会发现，当你战胜焦虑，你的杏仁核在面对这些想法时，会变得更加平静。在这个过程中，杏仁核会发生改变。你会发现，当你再想到你的触发点时就不再那么焦虑了。

虽然很多人觉得要让杏仁核发生改变需要很长的时间，但是其实你常常能在几分钟内感觉到变化。举个例子，一个客户为了克服她开车的恐惧心理，坐在一辆停着的车的驾驶座上。她惊奇地发现，仅仅过了10分钟，她的焦虑情绪就减少了。她说"我原以为我要坐上一个小时才能感受到改变！"杏仁核学习的时间取决于人和情境。通常情况下，如果暴露疗程使用得当，那么你感觉焦虑程度变化的时长不会超过45分钟（通常不少于15分钟）。

但是，仅一次将自己暴露在触发点之下是远不足以让杏仁核进行新的学习的。杏仁核需要足够的暴露以形成情绪记忆。因此，多次反复的暴露是很有必要的，暴露次数应随着初始学习经验的创伤程度而变化。例如，如果触发点是被虫子叮咬而不是性侵害，那么杏仁核就会学得很快。

我强烈建议你在接受过专业训练的治疗师的帮助下开始暴露疗法，从而确保你的暴露过程是正确的。暴露的每段时间都需要足够长，每一段暴露时间要足够相近，这样杏仁核才能获得学习经验。如果你没有正确地进行暴露，那么它反而会导致焦虑的增加。但是也不是所有的治疗师都接受过暴露疗法的训练，所以你需要特地去咨询这一技巧。尽管你可以自己进行暴露疗法，但是如果没有指导，有一些重要的细节你会很难注意到。（记住，在暴露初期，你会很容易感到焦虑。）如果有一个有经验的治疗师参与疗程，暴露疗法就会彰显其有效性而且能很快起效。

先选择一个触发点

回顾一下第九章末尾的"识别阻碍你达成目标的因素"工作表。选择一个对你来说很重要的目标——这是你将首先开始努力的目标。如果你在选择目标上有困难，那么你可以考虑一个你经常遇到的情况，或者一个给你的生活带来最大困难的情况。无论如何，把你的努力集中在一个会对你产生真正影响的目标上。暴露并不容易，你需要从这个充满挑战的过程中获得奖励。

确定目标后，选择一个与该目标关联的触发点。你应为你的第一次接触选择一个中等焦虑刺激，而不是极度焦虑刺激的触发点。如果你在处理最具挑战性的触发点之前，有一些暴露的练习，体验过这个过程的挑战和好处，你将会在消除极度焦虑刺激中获得成功。一旦你选择了一个触发点，你就要准备好开始教你的杏仁核一些新的东西。提醒你自己，杏仁核已经在你大脑的回路中储存了关于这个触发点的特定信息，你需要为杏仁核设计一个学习体验的过程，教会它建立新的回路。

告诉杏仁核触发点是安全的

当你开始进行暴露过程时,你的大脑皮层和杏仁核可能是不一致的。这是因为你的大脑皮层——大脑中逻辑思考的部分,意识到你对触发点的反应并不总是合理的。反过来,你可能会感到尴尬,因为你无法控制自己的反应,或者认为自己已经摆脱了困境。你甚至会发现很难向别人解释为什么这个触发点会成为你生活中的障碍。然而,重要的是,你要记住,你的大脑皮层和杏仁核对触发因素的看法是不同的。即使你的大脑皮层可以更合理地理解情况,你的杏仁核也会产生强烈的情绪和身体反应。

然而,你不应该相信杏仁核。请记住,与大脑皮层相比,杏仁核可以对不完整的知识做出反应,大脑皮层通过添加知识、逻辑和记忆来更详细地处理感官信息。令人困惑的是,不管情况是否真的很危险,或者杏仁核是否误解或高估了情况的危险,你都会有同样的反应。事实上,大脑皮层可能会开始关注这些反应,并产生增加你痛苦的想法,导致防御反应进一步发挥作用。根据你身体的反应,你很容易开始相信自己处于危险之中。

为了重新控制你的生活,你需要教你的杏仁核对触发点做出不同的反应。你可以在下方横线处填写你的触发点和目标。

我要教会杏仁核停止对以下事情做出反应：

_____

_____

_____

阻止杏仁核被激活的方式：

_____

_____

_____

暴露将是一项具有挑战性的体验，因此接下来你要做的是创建一个暴露等级结构。这是一个有序的步骤列表，可让你逐步接近触发点。通过将这个过程分解为一系列步骤，你可以以你感觉舒适的速度和强度来处理它。这样你就可以更好地驾驭暴露过程中正常部分的不舒服情绪。无论你是以渐进的方式还是更强烈的方式接近它，暴露都会起作用。杏仁核不必经历高度的痛苦来学习和形成新的神经回路，尽管暴露期间更高的焦虑可以加速其变化的过程。

章后工作表 10-1 将帮助你创建层次结构。

毋庸置疑，你先前无法暴露于触发点前的原因是多样的。因此，一旦你完成了层次结构，不妨花点时间考虑关于暴露步骤的事情。倘若你有任何焦虑，我建议你同医疗师谈谈。你要如实告知你所有的负面想法，克服任何可能降低接受暴露疗法意愿的想法。在以下两节，我将讨论，当试图让杏仁核知道情况安全时，你如何与那些可能激活杏仁核的想法作斗争。

暴露指南

为了使暴露过程有效，你需要记住一些有用的指导原则。**你在整个暴露过程中要仔细计划并监控进度**。你和你的治疗师可以利用暴露等级来制订这些暴露计划，它将重新训练你的杏仁核，以停止激活其对触发因素的反应。你的目标是使自己逐渐暴露在各级结构中，从较低层次到较高层次，直到诱发刺激不再对你造成困扰。虽然你可以从自身暴露训练的最低层次的项目开始，但是如果可以，我建议你从主观痛苦感觉评分分值 40 分左右的项目开始。这样做有以下两个原因：①大多数患者可以在不需要太多麻烦或特殊训练的情况下处理分值低于 40 分的项目。②这个级别的活动有足够高的主观痛苦感觉分值，当你的杏仁核开始学习，你能清晰地感觉到焦虑程度的降低。完成这些步骤，你会感知自己正在教杏仁核做出不同的反应，且大脑产生了持久的变化。这是一种很有力量的感觉。

在暴露过程中，主观痛苦感觉评分也是一种非常有帮助的评估方法。在任何给定时间内，你可以用它来确定和表达你在暴露过程中所感知的焦虑程度，以及它是如何随时间变化的。每隔几分钟评估一下你的焦虑程度，这样你和治疗师就可以知道暴露过程是如何进行的。尽管你的焦虑程度可能会超过你最初评估这种情况时的预期，但在焦虑减轻之前尽量不要脱离所评估的现状。这点是至关重要的。否则，你就是在教杏仁核需要逃避，这将会导致它下次遇到诱发刺激时产生更大的防御反应。

暴露的目的是让你的主观痛苦感觉评分至少降到你在该疗程中所得最高分的一半。这意味着，如果你的最高评分是50分，那么你达到25分就足够了。级别的转变会帮助你认识到杏仁核已经习得，而且停止了防御反应。你可以选择在暴露过程中待更长的时间，但是没有必要使你的主观痛苦感觉评分降为0。记住这一点，即使杏仁核不再产生防御反应，反应中的某些方面，如肾上腺素或某些肌肉僵硬也可能会持续。

你要在多次暴露实验中，继续完成结构中的每一步，直到你能在几乎没有焦虑的情况下充满信心地完成这个步骤。你要确保提前做好计划，给自己多次机会来练习层级结构的每一步。暴露训练必须反复练习，这样杏仁核才能最有效地学习。反复暴露有助于你形成新的神经回路，因为它不再将焦虑与诱发刺激相联系。每当你重复进行暴露训练，你可能会发现，特定的步骤训练变得更容易，杏仁核会更快地停止防御反应。

确保正确、直接体验诱发刺激。 暴露过程中，不要让自己在害怕的情境或物体上分心，这一点是很重要的。你需要让自己充分体验诱发刺激，直接看、听，甚至是触或闻它，这样，杏仁核会对它做出反应。最终，杏仁核会学会不把它与危险联系起来。当心脏狂跳起来或肌肉紧绷时，你就明白自己引起了杏仁核的注意，暴露过程也进行得很顺利。我的一位客户正在努力克服恐高症。他在暴露疗程中告诉我，他想从停车场顶层的窗台从上往下看。在整个暴露过程中，他就真的在向杏仁核暴露刺激因素。

记住放松技巧。 你在第六章学到的如深呼吸、肌肉放松的放松技巧，有助于减轻你面对暴露过程中的压力，且能向杏仁核传达冷静信息。但是，你要记住，你不可能完全放松自己，因为杏仁核面对诱发刺激会自然地产生防御反应。另外，你应保持杏仁核处于某种程度的激活状态，因为杏仁核若不被激活，新的网络神经就无法发育。你需要激活杏仁核来产生新的网络神经。这意味着，在杏仁核学会做出不同反应前，每遇到诱发因素你都会感到焦虑。你的治疗师可以指导你运用放松技巧来使你的焦虑保持在一个可控程度，这样

第十章 用暴露法教杏仁核

你就可以保持心态平稳。

考虑使用想象暴露。如果你很难在所处暴露层级中迈出实际的一步,那么你可以从想象暴露模拟情境开始。例如,贾斯汀很焦虑与真狗进行暴露训练,所以他首先需要想象一条狗出现在自己面前。这种想象训练需要持续到他的焦虑降低到足以面对真实情境的程度。这个过程被称为想象暴露,它也会激活杏仁核。通常来说,杏仁核对诱发刺激的想法或影像的反应方式与真实诱发刺激相同。如果你正在接受治疗师的治疗,那么在这个过程中,他们可能会非常详尽地描述想象中的情境来引导你进行暴露。你也可以通过想象自己处于引发焦虑的情况下,想象你可能遇到的特定景象、声音和气味来训练杏仁核。当你能够成功地想象出情境而没有太多的焦虑时,说明你正在改变你的杏仁核。

在某些情况下,想象暴露是唯一的暴露疗法。例如,治疗海湾老兵时,我就运用了暴露疗法,他们要努力克服战争经历所带来的噩梦。我对那些无法在治疗过程中再现恐惧对象的患者也用了想象暴露法,比如怀孕、孩子死于癌症、或向老板要求加薪。有些现实情境下的暴露是不道德的。(例如,要求害怕配错药的药剂师去这样做。)有时,我会录下一段暴露记录,以便客户反复听。虽然想象暴露是建立信心、减少焦虑的有效治疗方式,但如果可能的话,最好的治疗方式依然是在安全的环境下让杏仁核直接体验触发点。

暴露过程中仔细监控和管理想法。没必要因陷入自我怀疑("我永远无法做到!")或激活杏仁核("想到车子失控,造成事故")而增加你的痛苦("因为它们会增加你的主观痛苦感觉分值而不是减少它")。当你陷入这些想法时,你不是在告诉杏仁核环境是安全的,你所做的恰恰相反。你应集中注意力在发生的事情或当下正在经历的事上,而不是预想可能发生的事。我们在接下来的两章将会讨论如何解决激活杏仁核的问题。以下是暴露过程中有效的一般应对想法:

- "保持深呼吸,这不会持续太久的。"
- "我的焦虑会增加,但我有能力控制它。"
- "我期望产生这种焦虑,因为这意味着杏仁核留意到了它。"
- "释放紧张情绪,尽可能放松肌肉。"
- "这不会持续太久,如果我等一下,杏仁核会学习的。"
- "我正在告诉杏仁核没有什么好怕的。"
- "我的杏仁核不喜欢这样,但我可以解决它。"
- "当我熬过这些,杏仁核就不会总这样反应了。"
- "专注于这种情况,这是我现在所要处理之事。"

正念有助于你充分体验、从暴露中获益。当杏仁核产生防御反应时,你要留意身体的哪一部分做出了反应。你自己也要识别它们:"心脏跳得更快了,我感觉有点恶心。"你应保持好奇心、敏感性和接受自己所正在经历之事,而不是试图反抗或批评这个过程。不要期望你能控制身体反应,不让身体反应不是你的目标,让杏仁核做该做的事,你只需要等待即可。

只要从更明智的角度来看你身体正在发生什么,你就能理解发生在杏仁核上的事:"杏仁核,你正在做什么?你绷紧我的肌肉,就像是你要我战斗或逃跑一样。"这些反应在危险的境遇下有意义,但要记住,这种反应是安全的。当感觉到杏仁核在发生变化时,你要注意:"我发现深呼吸更容易了,我认为杏仁核正在意识到这并不是什么大事。"通过保持暴露,你正在告诉杏仁核,对诱发刺激的这些反应是没有必要的。

注意寻求安全行为的危害。寻求安全的行为是你自发为了渡过难关而采取的行动,但这会阻碍杏仁核的学习。例如,去商场时,你随身带了一瓶镇静剂,因此,在你不知所措时,你可以服用一片药。带着这瓶镇静剂(即使没有服用)可能会阻碍你的杏仁核学习。杏仁核学到的是去商场要带药物,而不是减少去商场的恐惧。

在引起焦虑的经历中，有朋友或是家人陪伴（或通过电话作陪），携带幸运符或是让你感到安全的东西，总坐在门旁边，戴太阳镜或避免与他人视线接触，都属于这样的例子。这种寻求安全的行为暂时充当了拐杖般助行的作用，但没有改变杏仁核对诱发刺激的反应行为，因此，在暴露过程中尽量不要采取这些行为。

反应预防是必要的。 如果你已学会运用某些反应、仪式或是检查行为来应付自己的恐惧、焦虑或不安，你需要在暴露过程中杜绝这些行为。例如，罗琳只要将双手放在方向盘某处，她就能在繁忙街道上开车；如果是单手驾驶，哪怕一会儿，她也会觉得不安全。如果为了安全，你学会做特定的反应，并将反应应用于暴露过程中，那这只会加深杏仁核认为诱发刺激是危险的假设。不做出特定反应是重新训练杏仁核的唯一方法。当一个人暴露于诱发刺激时，不使用特定的仪式或反应，我们称它为反应预防。这种暴露疗法常用于治疗强迫症，如要求一个人碰过钱后避免使用洗手液。

避免会干扰暴露的药物。 苯二氮平类药物（中枢神经抑制药）已被证明是一种干扰药物，因为它们能抑制（或镇静）身体各个部位的神经元，阻止其被激活。虽然这可以阻碍杏仁核产生防御反应（这通常是人们服用镇静药物的原因），但它也会阻止杏仁核产生任何新的反应。服用药物的人能更舒服地度过暴露过程，但暴露将不会有效地改变其杏仁核对诱发刺激的反应。

避免寻求宽慰。暴露的目的是向杏仁核显示，在这种情况下你是安全的，所以面对诱发刺激时，不断寻求安慰只会适得其反，它会破坏你所付出的一切努力。如果有一个人总会在暴露过程中不断安慰你，当你独自一人面对诱发刺激时，那你怎么办？你需要的不是他人告诉你，你很安全，而是你自己可以面对正在经历的事情。例如，如果在暴露中，那你会问"狗不会靠太近吧？"，你的治疗师可能会答"我们同意狗这次不会碰你，但它可能会靠近。无论发生什么，你只管面对就好"。你需向杏仁核展示这个诱发刺激是安全的，而不是单纯的诉说。宽慰的需求往往与肯定性的需求有关，我们需要学会应对生活中的不确定性，而不是装作知道一切事物的走向。

可以抱怨。当你经历暴露时，你可以说出自己有多么讨厌它，或是它有多难。你不必装作它很容易或是你没有任何不适。你这是故意让自己经历痛苦。即使它们不危险，你也在忍受一个可怕的境况。我必须向客户承认，暴露绝对是困难与不好受的，他们坚持下来这点做得很好。我提醒他们，恐惧是存在的，要敢于面对恐惧。记住，没有一种情绪是永久的。只要你忍受，它终将会过去。

抵制任何逃离诱发刺激的诱惑，直到你的焦虑降低。如果你在发生强烈的防御反应时终止暴露，它会强化逃离是正确反应的想法，使杏仁核无法学习。为了进行学习，你需要在诱发刺激存在的情况下体会焦虑的减轻，等待你的不适感缓解。记住，这是你为自己提供一个坐在驾驶座上的机会，而不是为了杏仁核。如果你愿意克服困难，那么你的杏仁核也将做出改变。

如果你实在要在暴露中途离开，那就对自己做出会回来渡过难关的承诺。遇到一两次挫折是正常的，你依然有机会教杏仁核学习。记住，你的目标绝不仅是消除杏仁核在特定时刻的影响，而是要在让你的神经回路在这种境况下实现长期的转变。这将使你达成目标。

努力在暴露下保持独立。暴露的目标是帮助你和杏仁核在接触诱发刺激时保持舒适。这意味着，你需要自己处理暴露的情况，而不是依靠治疗师、家人、朋友的帮助。（但有一个例外是，诱发刺激本身有涉及他人的情况，比如我客户的目标是与他的新婚妻子一起乘飞机到维尔京群岛度蜜月。）

因此，你应该计划自己完成特定的暴露步骤，这意味着在治疗期间你需要做家庭作业。我的客户就曾在我不在场的情况下完成了各种各样的暴露，包括独立开车，和朋友一起看电影，工作面试，在酒吧看变装表演。在现实世界中自己制订计划进行暴露，这样你就可遵循目标，教会杏仁核不再干扰你想要的生活。

当你完成了暴露等级中的每个步骤时，花一些时间思考自己学到了什么。一次暴露完成后，试问一下自己的焦虑是否严重，你将如何处理。寻找你的反应方式变化，思考从自身和杏仁核上所学到的东西。你做了什么起作用了？下次会有什么改变？这次经历让你吃惊的是什么？你的治疗师也可提供反馈，比如你做得好的方面，下次可以采取哪些策略来改进。

劳逸结合。进行暴露是件难事，所以你应该庆祝在这一路上取得的成就。当你完成暴露等级中的一个步骤后，记得恭喜自己，以一些特别的东西奖励自己，这是你应得的。

以自己的成功为基础。一旦你成功地完成了暴露等级中的最后一步——主观痛苦感觉评分最高分值的那一步，你就做好了为自己所设目标而努力的准备。既然你已改变杏仁核的反应方式，诱发刺激便不再阻碍你达成目标。

工作表 10-1

创建暴露等级

首先，考虑一下你已经决定去处理的具体的触发点，想想关于该触发点的最能引发你焦虑的情况。这一情景无须是你所能所想到的最可怕的经历，而应当是你真正想完成的事情。比如说，景观设计师西蒙，很焦虑在她执行日常任务，即标记树木时，蛇会从树枝上掉落到她的肩膀上。因此，她可能会写"在我的肩膀上放一条蛇"。对于西蒙而言，这是能够大大减轻她对蛇的恐惧的切实可行的目标。（这一目标不像"让我困在有上成千上万条蛇的飞机上"那样可怕、那么不切实际、那么多余。）使用已经提供的模板，写下最令你焦虑的情形（须符合真实情形）作为层次结构的最后一步。

下一步，聚焦于可能会引发焦虑的行为或情形，但这一行为或情形应该是在自己的胁迫下能轻易完成的。西蒙可能会说，"看关在笼子中的蛇这一件事有压力，但是我能够接受"。像西蒙一样，写下最不容易引发焦虑的情形作为暴露分级的第一步。

现在，准备好列出介于这两个参照点之间可能引发焦虑的活动。写下 5~10 个不同的活动、对象和行为，这些行为可能会使你遭受与触发点相关的抑郁。不必焦虑你是否能将这些步骤安排好，只需要动动脑筋，想一想。一些步骤看起来非常相似，但也存在细节差异，这些差异对焦虑的增加程度不同。西蒙站在距笼蛇 3 米远的地方与站在距笼蛇 0.3 米远的地方时，她所感受到的恐惧程度是不同的。请清晰地表述每一个步骤，以显示它与其他步骤的不同。

完成清单上的任务后，用 0~100 区间的分值来评估你在不同情况下所感受到的痛苦的程度，其中 0 代表没有痛苦，100 代表最痛苦。以上方法被称为主观不适单位水平，它考虑了你在这些情况下可能会经历的所有焦虑、身体不适以及压抑的想法。主观不适单位评分反映了你对每种情况的反应，因此评分结果对你而言是独一无二的。在某种程度上，你在利用这个评分来判断你的杏仁核对每一种特定情况的反应程度。我的客户有时会说，他的杏仁核根本不会喜欢这个。

在对每个活动进行评估之后，按照最低级到最高级的顺序，写下暴露层级结构。这些活动的顺序并不一定要按照逻辑顺序排列，而是应基于个人对每个活动的反应。在完成等级结构图后，看看右栏中的主观痛苦感觉评分。倘若从一个步骤到另一个步骤的痛苦水平出现很大的增幅，你就该考虑某些情况或行为是否能在这两个步骤间得到适当的主观痛苦感觉评级。你要在其他两个步骤之间插入这个步骤。这将能够避免你在制作层级结构时出现较大的"跳转"。暴露层级结构的步骤可不尽相同，但一定要控制在 10 个以内。

以下是西蒙的暴露层级结构图，附上一个可供您自己使用的空白模板。

步骤	活动	主观痛苦感觉评分（0~100）
1	看到 3 米外的笼子里的一条蛇	20
2	看到 0.3 米外的笼子里的一条蛇	35
3	看到笼子外有一条蛇，而别人却抱着它	45
4	看到一条蛇在笼子外的地上四处爬行	60
5	当别人手里拿着一条蛇时，我的手里也拿着一条蛇	75
6	放一条蛇在膝盖上却不碰它	85
7	放一条蛇在肩膀上却不碰它	95

步骤	活动	主观痛苦感觉评分（0~100）
1		
2		
3		
4		
5		
6		
7		

头脑风暴活动空间

第十一章

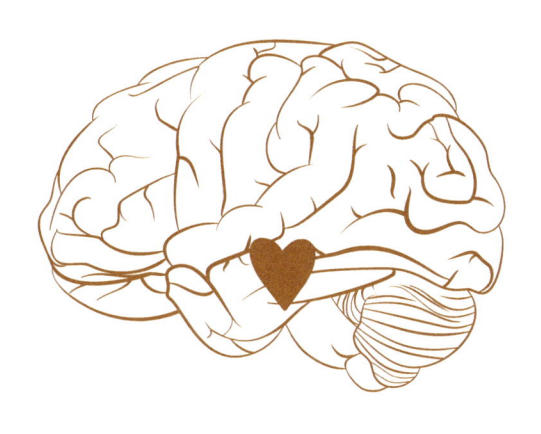

大脑皮层如何激活杏仁核?

你已经知道了杏仁核对你的生活有多大的影响，但也学会了如何使杏仁核冷静下来，甚至教了它以不同的方式应对诱发刺激。但有时候，杏仁核不是焦虑的源头。大脑皮层的某些想法可能也会导致杏仁核被激活，从而让你产生焦虑反应。因此，如果你想维持杏仁核的健康、平静，那你还需要知道杏仁核和大脑皮层之间的关系。

目前，你已经知道杏仁核是我们大脑中产生害怕、恐惧、焦虑的部分，大脑皮层不能独自产生这些感觉。这就是为什么通向焦虑的皮质通路也包括杏仁核的原因（参见第四章的图 4-3）。当你考虑大脑构成的不同区域时，要记住，它们不是各自孤立运作的独立结构。相反，我们的大脑区域是由复杂的神经回路相互连接的，其中包括杏仁核和皮层之间的神经回路。

因此，大脑皮层中发生的事情不会一直停留在皮层中。就像杏仁核总是在扫描我们周围的环境寻找危险迹象一样，它也一直在扫描皮层。当大脑皮层接收到来自丘脑的信息后，它会对这些信息进行处理，从而产生各种各样的想法和图像，然后交由杏仁核仔细监控。事实上，杏仁核进入皮层的连接要比皮层下到杏仁核的连接多上许多。我用"杏仁核在看皮层电视"的说法来解释两个大脑区域之间的关系。当杏仁核观察到皮层中产生痛苦情境的想法或图像时,这些想法和图像会促使杏仁核激活防御反应,让我们感到焦虑、害怕甚至是恐慌。

尽管杏仁核与焦虑有关的通路一直在运作,甚至与皮层通路同时运作,有时杏仁核不会对收到的信息做出反应,直到大脑皮层对其处理后,杏仁核才会认为这些信息是重要的。换句话说,杏仁核可以接收到与大脑皮层相同的感觉信息,但在大脑皮层提供更多的背景信息之前,它无法识别信息所表示的潜在威胁,这就是与焦虑有关的皮质通路重要的原因。

我们用一个例子来说明这个过程。梅琳达公寓里的烟雾报警器连接到了电力系统中。烟雾报警器沾满尘埃,且出了故障,甚至一只蜘蛛经过它都能触发报警器。他们的房东承诺过更换,但这不是一次简单的维修,梅琳达不得不忍受几个星期里,会在奇怪、不方便的时候响起的警报器。尽管这很烦人,但她的杏仁核已经习惯了这个声音,并不认为这是个危险信号。为了关掉警报,梅琳达不得不下楼打开断路器来重置系统。一天晚上,烟雾警报响起时,梅琳达正躺在沙发上睡觉。她迷迷糊糊地起来,去打开断路器,好让警报器停止。但随后她想起自己在卧室里点了一支蜡烛,疑心是不是楼上有东西着火了。

梅琳达突然感受到恐惧，整个人完全清醒过来。她大脑皮层中的想法引起了杏仁核的注意。她跑到楼上自己的房间，发现蜡烛旁的一些假花着了火。在火势蔓延之前，梅琳达抄起假花，将它们扔进浴缸。幸运的是，梅琳达的大脑皮层发现了这种危险。她的杏仁核并没有对烟雾报警器做出反应，直到她的大脑皮层产生了这些想法。杏仁核只对警报的潜在意义产生反应，而不是对警报本身的声音做出反应。因此，在这种情况下，梅琳达的杏仁核是通过皮质通路激活的。我想，你会认可这个观点。杏仁核以这种方式监控大脑皮层是很有帮助的，这样它就能检测到任何它原本无法识别的威胁。

杏仁核从丘脑得到的是原始的、未加工的信息，所以它并不总是具有完整准确的信息。记住，皮质通路比杏仁核通路需要更长的时间，所以杏仁核有可能在皮层完成信息处理之前做出反应。第四章中，我们看到了丹尼尔在兄弟会的房子里发生了这种情况：在他的皮层提供这是玩具的详细信息前，丹尼尔的杏仁核就对冰箱里的玩具老鼠做出了反应。在梅琳达的例子中，杏仁核只有在皮层解释更多的感官信息（包括来自她记忆里的信息）并产生激活杏仁核的想法之后，才会做出反应。

除了使用记忆和逻辑来考虑是否存在危险，如果梅琳达有良好的想象力，她的大脑皮层甚至可以通过创造超越接收信息的图像来补充感官输入，比如想象她的卧室着火了。杏仁核监测大脑皮层中想法和图像的能力是非常有用的，这能让杏仁核发现自己没有大脑皮层帮助下无法识别的危险。

大脑皮层对杏仁核激活的影响

一般来说，皮层可以通过两种方式激活杏仁核。第一种是通过<u>提供有关感官体验的详细信息</u>，并将其与皮层与这些感官体验相关联的任何其他信息相结合。以内特为例，他一直和女朋友相处不睦。他们一直在为异地恋中出现的问题争论不休，他知道她不开心。每当他的手机嗡嗡作响，他看到女朋友的短信，会立即焦虑她会和他分手。他感到恶心，心脏开始怦怦直跳。虽然内特正在经历杏仁核激活的影响，但他的杏仁核对手机的嗡嗡声或短信到达的通知没有反应。内特皮层中的想法：将短信解释为分手即将到来，激活了杏仁核（图 11-1）。然而，需要注意的是，大脑皮层的解释并不总是正确的。

当内特打开他女朋友最近的一条短信时，他发现只是一张学期论文的照片，她得到了 A。他的杏仁核因为大脑皮层的错误解释而被激活了。我们将在本章后面讨论皮层如何经常误解传入的信息。

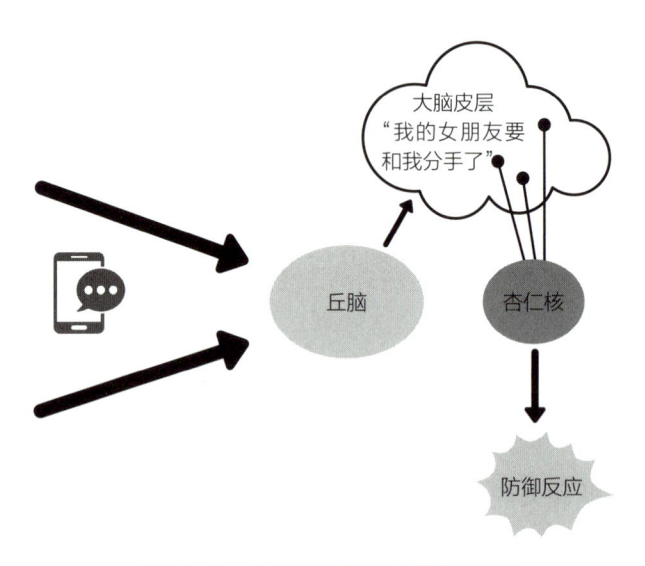

图 11-1 内特的防御反应激活路径

皮层激活杏仁核的第二种方式是在<u>没有任何感官信息的情况下创建思想或图像</u>。即使没有收到信号表明存在威胁，皮层仍然可以想象威胁。虽然我们认为拥有这样的想法的能力是理所当然的，但人类具有独特的能力来唤起想法和担忧。

举个例子，阿尔玛最近收养了一只德国牧羊犬游侠。知道游侠会长多大，她不想让它和她睡在床上。每天晚上，她把游侠放在她旁边的小狗床上，但它经常呜咽和哀嚎，想被抬到床上。夜里，尽管它发出呜呜声，阿尔玛终于还是设法睡着了，在凌晨 5:00 时阿尔玛突然醒来。游侠已停止哀嚎，寂静占据了上风，但阿尔玛的皮层并没有感到高兴，而是想象着游侠发生了什么事，这导致她的杏仁核产生了防御反应

（图11-2）。她迅速检查了游侠的床，发现它蜷缩着，平静地睡着。虽然阿尔玛的思想不是基于任何感官信息，但她仍然激活了杏仁核，产生了痛苦的感觉。事实上，当阿尔玛低头看着她熟睡的小狗时，她的心仍然怦怦直跳，胃里有一种恶心的感觉。

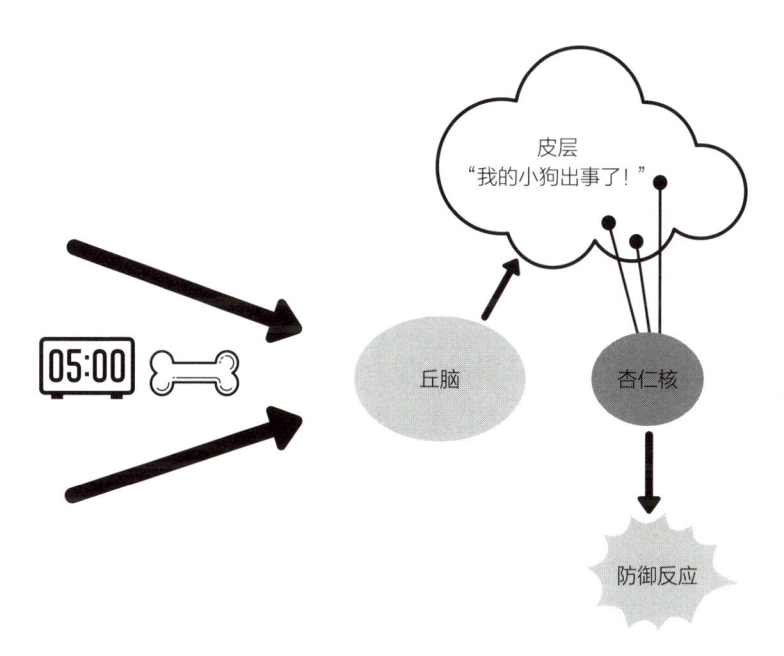

图 11-2　阿尔玛的防御反应激活路径

你有没有回想过过去发生的可怕的事情？光是回忆起这件事是不是就会让你感到一阵焦虑？在想象未来可能发生的压力情况时，你有没有发现心会怦怦直跳？杏仁核会对单纯的想法做出反应，就好像存在危险一样，这会让你对自己的焦虑有不同的理解。在某些情况下，对过去或未来进行想象可能会对你有所帮助，即使杏仁核会对这些想法产生防御反应。例如，如果你对工作中即将进行的演示感到焦虑，那么你的注意力会集中在演示文稿上，这能激励你花时间准备和考虑如何回应自己预期的批评或问题。

但是，我们有时会想象不太可能的情况（例如，焦虑你会在演示过程中犯错误，从而导致被解雇），这会使我们无缘无故地经历不必要或过度的痛苦。这是因为杏仁核没有办法确定有潜在危险但未经证实的想法与实际存在威胁的想法之间的区别。例如，当里卡多准备去上班并想象雪路上发生车祸时，他的杏仁核的反应好像这是已经发生或将要发生的事情，即使他仍然在温暖的厨房里喝咖啡。因此，里卡多现在对驾驶感到焦虑。杏仁核经常将想法视为危险的直接指示，而不是简单的想象，因此我们会感受到非常真实的焦虑体验。

你的焦虑经常产生于大脑皮层吗？

要确定大脑皮层是否会产生激活杏仁核的想法，请先思考以下问题，并在那些与你符合的问题旁打个钩。

☐你是否倾向于思考致使情况变糟的方式？

☐你是否倾向于去预见他人可能会评判或批评你的方式？

☐你是否坚持要求非常高且难以达到的标准？

☐你是否倾向于想象一些非常痛苦的事？

☐人们会认为你是悲观主义者或是多虑的人吗？

☐你是否很难摆脱过去的困难或错误？

☐你是否经常担忧可能的疾病或是伤害？

☐当你对某件事心存怀疑或感到不确定时，你是否会感到痛苦？

☐你是否觉得自己不受欢迎？

☐当出现身体症状时，你是否会往最坏的情况想？

如果你在这些问题中勾选超过三项，你的杏仁核很可能因为大脑皮层产生的想法而被频繁激活。请记住，杏仁核一直在观看"大脑皮层电视"，当这个频道一直在播放如同马拉松式的负面想法或图像时，杏仁核就会对他们做出反应。虽然这在某些情况下很有帮助，比如当梅琳达的花朵着火时，但倘若你的大脑皮层倾向于产生与现实不符的痛苦想法或图像，你可能会产生不必要的焦虑。在本章，你将学习如何防止你的大脑皮层在不必要的时候激活你的杏仁核。

认知疗法与大脑皮层

在神经科学家了解到杏仁核在焦虑情绪中起的作用之前，一些治疗专家就已经认识到认知在产生情绪反应中的重要性。"认知"是心理过程的心理学术语，大多数人认为"认知"就是"思考"。认知心理治疗师提出，一些特定的思考会引起或加重焦虑的情绪。这些治疗师关注人们对自己、他人乃至世界的信仰，还包括这些信仰是如何影响人们理解事件的。他们意识到在我们思考的过程中，有时我们都会因为高估危险或者因为不切实际的幻想而扭曲事实。

例如，坎蒂丝本可以非常安全地坐在餐桌前享受早茶，可她想到如果未能支付她的小狗莎蒂所需的手术费，莎蒂将经历可怕的事情，这让她感到非常的害怕。同样地，玛西亚无论在什么时候写邮件，总是会感到焦虑，因为她总是担忧别人会揪出她的语法或者拼写错误并且对她的错误指指点点。认知治疗师会通过改变认知在大脑皮层产生的过程来帮助人们改变这一类想法。这样，人们就能够对他们自己的情绪反应有更好的控制。

你可能想知道改变你的想法真的能预防焦虑吗？有的时候是可以的，比如某些想法会使你的杏仁核第一时间产生焦虑反馈时。换句话说，当焦虑来自皮质通路时，努力改变消极的想法就是有效的。这对于一些特定的焦虑障碍尤其如此，例如强迫症、广泛性焦虑障碍和社交障碍。这些都会受到大脑皮层产生的焦虑的影响。但是，别忘了杏仁核也可以通过杏仁核通路产生焦虑情绪，这个过程完全不需要大脑皮层的参与。如果焦虑直接来自一个物体或某种情况，而你却不觉得你一直在焦虑或思考任何事情，又或者焦虑看似意外地出自眼前的情况，又或是严重影响当下的情况，那么这些通常都是杏仁核通路起的作用。但如果你的焦虑经常从大脑皮层开始，那么认知疗法就会很有帮助。

大脑皮层中的解读

当大脑皮层加工你所看到的东西时，它不仅仅会给予你所看到的图像或文字。你的大脑皮层会感知、认知和解释这些信息。正是这些解释会强烈影响你的杏仁核的反应。设想一下，某天早上，坎蒂丝让她的小狗莎蒂到院子里去，但没有意识到一夜的暴风刮倒了一部分的篱墙。当坎蒂丝尝试把莎蒂叫回来时，她发现莎蒂不在院子里了。坎蒂斯立马变得焦虑起来，她担心莎蒂在附近游荡，要么会被车撞到，要么会永远走失。坎蒂丝焦虑地寻找着莎蒂。幸运的是，坎蒂丝在理查森的后阳台找到了莎蒂，它正坐着并期待着它最喜欢的邻居给它挠挠耳朵，再给它一块芝士。让坎蒂丝感到焦虑的是她对莎蒂可能会遇到的情况的想象,而不是看到的空荡荡的院子(图 11-3)。在这种情况下,坎蒂丝的杏仁核激活始于她对莎蒂可能发生的事情的思考。

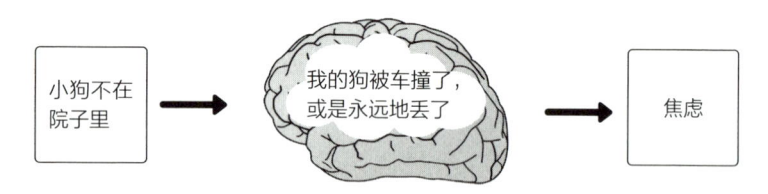

图 11-3　坎蒂丝大脑皮层的解读

你有没有遇到过这种情况:你对某一情况的理解最后被证明是错误的。很多时候,我们将我们的想法作为现实指示器,却忘记了大脑皮层很容易产生误解或错误的结论。事实上,我们不能完全相信大脑皮层感受到的东西。大脑皮层确实看到了不是存在于此的事物,但也忽略了那些明显存在的事物。图 11-4 阐释了这个现象。如果你看到的是一个白色

图 11-4　大脑皮层的解读

的三角形，你就被大脑皮层欺骗了，大脑皮层填补了一些原本没有的信息。这里并没有白色的三角形，这只是大脑皮层告诉你的。而且，如果你在下面的星星里读取信息，你会发现你的大脑皮层会阻止你看到一些明显存在的事物。（你可能需要多读几次）大脑皮层创造的视觉信息尚且不能完全相信，你的想法就更不能完全相信。

就像上面所说的，你的大脑皮层不是简单地反映现实，而是构建现实。它会基于期待填补一些不太准确的信息，或是省去一些重要的信息。你的大脑皮层甚至可以把一句毫无意义的句子变得能够读懂。尝试读下面这个句子：Wehn pople turst teihr crotxe, tehy aer otfen srupirsed to raelzie taht teh'rye otfen foloed.（当人们相信自己的大脑皮层时，他们通常会惊奇地发现自己被愚弄了。）你的大脑皮层会灵活地处理你所看到的信息，而不是忠实地展示你真实看到的，所以要对你相信的解释保持谨慎。

如果你对生活抱有消极的态度，总是想到最坏的结果，对自己评价太过苛刻，又或是总是期待着别人的批评，那么这个时候你要记住，你的大脑皮层可能会提供不准确的信息。而且这个错误的解读将刺激你的杏仁核，让你产生不必要的痛苦。但好消息是，通过对这个问题的学习，改变大脑皮层对情境的解读，你能够减少焦虑。在下面一章，我将更详细地阐述这个策略。

焦虑频道

正如我所提到的,你的大脑皮层就像有线电视,只不过你的大脑皮层有数百万个频道。不幸的是,我们中的一些人倾向于经常调到焦虑频道,这个频道会产生让我们苦恼的想法和图像。就像有些人喜欢看新闻,而另一些人喜欢看真人秀一样,有些人容易被那些可能出错的地方或其他人可能做出负面反应的想法所吸引。这些想法基于大脑皮层对未来可能发生事件的预测能力,即使大脑皮层以前从未经历过这些事件。这种惊人的预见能力只在人类身上存在,正是它使我们能够学会如何种植庄稼、制造飞机和设计计算机。如果你是一个富有想象力、有创造力的人,那么你可能非常善于预测。

不幸的是,我们的预测能力也会导致我们的杏仁核对这些令人痛苦的想法和图像做出反应,使我们遭受痛苦。虽然我们可以专注于大脑皮层中的各种其他频道包括填字游戏频道、布置你的花园频道、谈话政治频道、回忆童年频道、八卦家庭频道、计划你的退休频道或梦幻足球频道,但我们中的一些人在焦虑频道上花费了太多时间。当然,如果没有人向你解释大脑皮层和杏仁核之间的关系,你就不会知道平静的早晨和焦虑的早晨之间的区别,这可能取决于你的皮层关注的"通道"。

如果你仔细观察你常见的任何消极想法,比如"我不够好""事情永远不会顺利"或"每个人都会评判我",你就可能会意识到你的大脑皮层是频繁激活杏仁核的原因。你可以改变这些想法,这需要你付出一些努力,但肯定比改变你的杏仁核对这些想法的反应更容易。与杏仁核不同,你的大脑皮层可以从逻辑解释中学习并计划新的应对策略,使你的杏仁核不太可能被激活。

杏仁核如何影响大脑皮层?

如大脑皮层可以影响杏仁核那样,我们也需记住,杏仁核也可以影响发生在大脑皮层中的思维过程。正如我们前几章所指出的,当杏仁核发生防御反应时,它能够将皮层的注意力引向感知的威胁上,这使得大脑皮层很难关注除杏仁核提醒的危险之外的事情。即使这个危险不是真实存在的,或者我们不想将注意力集中在潜在危险上。无论杏仁核被杏仁核通路或是皮质通路激活,这个观点都是正确的。

一旦杏仁核被激活并开始影响大脑皮层,我们的思维过程可能就会受损。我们对自己的思想和感知失去控制,这会随着杏仁核激活程度增加而加剧。我们可能不会注意到或者考虑到周围环境中的重要细节,我们还可能难以以有组织的、复杂的或合乎逻辑的方式思考。我们可能会被逃跑或是战斗的欲望所压倒，或者我们会僵住并无法采取任何行动。在这些情况下，我们无法在额叶中解决问题，因此无法理性地作出决定。相反，我们更可能对杏仁核在我们体内产生的情绪和身体反应而起反应，这似乎表明了真正的危险或威胁存在（即使它不存在）。

因此，在杏仁核强烈激活时，我们将会很难使用认知应对策略。获得大脑皮层中解决问题能力的唯一方式是首先专注于降低杏仁核的激活程度。这意味着你需要练习让杏仁核冷静下来的技巧（比如深呼吸或锻炼），等待交感神经被激活的频率减少。只有杏仁核冷静下来，更多的正常皮层功能恢复，你才能有效地运用逻辑解决问题。

在你的大脑皮层中做出改变

虽然当环境中存在可感知到的威胁时，杏仁核对大脑皮层的影响更大，但在日常生活中，大脑皮层更有能力掌握你的生活。这是因为，比起杏仁核，大脑皮层能利用更多的资源进行学习以及做出改变：比如观察、教育（包括像本书一类的书籍）、经验以及实践。通过充分的练习，你的大脑皮层可以学会降低不必要地激活杏仁核和激发防御反应的倾向。

多年以来，我整理了关于与大脑皮层合作的方法，并且有效降低了顾客激活杏仁核的可能性。首先，你要学会改变杏仁核所产生的想法。不幸的是，关于杏仁核，你所能想到的第一件事就是，当你试图不去思考某个想法时，你就很难停止这种想法。例如，如果我现在告诉你不要去想你的祖母，一个关于你的祖母的想法或形象就会立即出现在你的脑海里。这是因为我们的记忆存储在大脑的神经元中，前额叶皮层会激活这些神经元来获取信息。所以当你读到"你的祖母"这个词时，你的大脑皮层就会激活存储关于你祖母的信息的神经元，这使得你不可能不去想她。

与其告诉自己不要一直去想某件事情（比如，"不要一直关注奶奶的心脏问题"），还不如告诉自己想想其他事从而代替这个想法。比如，如果我让你描述今年在花园里最想完成的事，你就会发现你已经不再去想关于奶奶的事了。"你无法抹去痕迹，但你必须替换它。"这个方法很有效，因为人类的大脑皮层通常有以下限制：尽管它能同时做多件事，但它一次只能聚焦于一件事。（这也是为什么你不该同时发信息和开车，因为你无法同时将注意力分配到手机和马路上。）当你试图停止收听焦虑频道时，这个限制就可以转化为优势。你无须把注意力集中于一个特定的想法、经历、话题或是在焦虑频道中放映的记忆。相反，你只需要简单地改变这一频道。

我鼓励你改变频道是因为这些想法是危险的。它们只是想法，所以它们可能与现实有联系，也可能没有任何关系。

比如，当阿尔玛认为，她的小狗在半夜发生了什么事时，那只是一个想法，而这个想法本身并不危险，对小狗本身的安危并无影响。然而，使这一想法成为问题的则是它对阿尔玛的杏仁核所产生的影响。记住，不管想法对错与否，它们都能激活杏仁核。

即使这些令人痛苦的想法与你的现实生活有关联，你可能也仍希望改变这些想法。比如，为了治愈视网膜问题，凯不得不连续8个月接受眼部注射。每当她想到下次的预约时，她都会感到恐慌。在这种情况下，她的杏仁核有一个很好的理由被激活：凯将在一个特定的日期让一根针插入她的眼球。但是，凯应该一直关注这个问题吗？这有什么用呢？如果她不去想眼部注射，那么在距离下一次预约的29天里，她就不会感到那么焦虑。但这并不意味着，凯会很容易忘记下一次的预约，而是让她使自己变得忙碌起来，让她心里想着其他的事情。这样，那几天，她就会更平静也更愉快。

当你的目标是改变想法时，了解大脑皮层另一个重要的特点将对你有所帮助。大脑皮层能够比其他部位更容易地获取某些想法和信息。尤其是，当信息更频繁被使用时，它将变得更容易处理。这也就是为什么大脑皮层会遵循"最繁忙者生存法则"。例如，你更容易记住你经常见到的人的名字，而更难记住你许久未见之人的名字。其他类型的想法也是如此。越经常出现在你脑海中的想法，特别是那些你反复在心里预演的想法，你就越容易回想起来。我们越是痴迷，越是焦虑某话题，我们就越容易强化这些想法，使他们更有可能发生。

因此，当你想削弱某种想法进而停止思考它时，最好的方法就是不要使用它。"用进废退"这个短语绝对适用于大脑皮层的想法和信息。让我们回到内特的例子，这个人总是在想他的女朋友是否会和他分手。内特的治疗师告诉他，他需要停止观看分手频道，内特对此持怀疑态度。作为回应，他的理疗师问他是否学过一门外语。他说，他学过一些希伯来语时，理疗师就问他是否能用希伯来语说几句话。内特摇了摇头，说道："我已经很久没想过这回事了，我把它给忘了。"理疗师回答道："如果你不去一直想和女朋友分手这件事，你也能忘掉它。你一直关注分手这件事只会强化这种想法和疑虑。"内特相信了理疗师的话，并寻找其他频道来转移注意力。他和他的女朋友都很感激这次治疗。

每当你意识到你有激活杏仁核的想法时，记住这两个规则："你无法抹去痕迹，但你必须替换它""最繁忙者生存法则"。通过用其他想法来替代痛苦的想法时，你可以改变大脑皮层通路传递的信息，并拥有更平静的杏仁核。从长远来看，你也在削弱持有这些特定想法的大脑皮层回路，使它们不太可能发生。在下一章，你将学习识别最可能激活杏仁核的想法类型。这样你就可以识别出是哪些想法让你困在了焦虑里，从而让你的大脑皮层不再产生焦虑。

CHAPTER 12

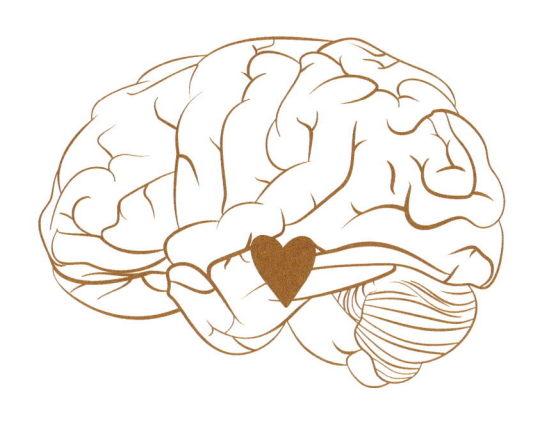

第十二章

识别激活杏仁核的想法

虽然我们完全有能力用我们的想法和焦虑来恐吓杏仁核，但是有这么做的必要吗？这么做会有用吗？我们有必要激活防御反应吗？如你所知，我们在现代生活中所面临的困难很少能通过战斗、逃跑或僵住来解决。但是，这些是杏仁核原始的反应模式。也就是说，如果你想要使用一种包含逻辑、问题解决和计划的更为复杂的过程，你需要应用第五到第十章所学到的策略来防止杏仁核活性化和它的控制作用。而且，正如我们在第十一章讨论的那样，你还需要管理你大脑皮层里的想法，以免它们破坏你为安抚杏仁核所做的所有努力。在这一章中，你将学习如何使用认知重构的方法，包括用新的思维模式代替激活杏仁核的思想。你可以反复练习直到这种新模式得到强化。这将帮助你改进想法，使你的整个思考过程更果断、更冷静、更具有适应力。

作为人类，我们会根据生活经历来解释情况，包括我们与家庭成员、老师和同龄人的互动。通常情况下，这些思维模式会从童年一直延续到成年。我们很少被提示质疑这些模式是否对我们有利。举个例子，艾米是一个优秀的学生，她学得很快，几乎擅长所有的科目。她的表现经常得到赞扬和鼓励。然而，当她参加啦啦队比赛时，她发现学习啦啦队的日常活动是一件困难的事，而且她为自己不能够迅速学会而感到尴尬。在尝试学习舞蹈上，她有相似的经历。艾米学着避免这一类的情况，因为她觉得，如果她不能马上学会一件事，那么这件事就不适合她做。

多年后，当她30多岁时，艾米被邀请参加一个古典舞团，她很享受这段经历。但她再一次发现学习舞步对她来说很难，她的第一反应是放弃。其他的舞团成员不停地给她意见来改进她的舞步，但她羞于尝试更加复杂的舞蹈，因为这些舞蹈看起来挑战性太大了。她的大脑皮层在告诉她："这不适合我，我并不擅长这个。"但是，因为这个团队太有趣了，团队成员特别友善，这又让艾米不愿放弃了。她意识到这个在童年形成的想法——她不应该参加那些她本不擅长的活动，给她制造了焦虑，还阻止了她拥有一段快乐的时光。这不是比赛，而且她也不需要为了取悦自己做一个优秀的舞者。艾米下定决心放弃那些不符合现实生活和目标的想法，她接受做一个普通的古典舞舞者尽情享受这段时光。

评估你自己的思考模式

就像艾米一样，你可以改变那些对你不利或者阻碍你实现目标的想法。但在你能做到这一点之前，你需要首先意识到你的潜在思维模式。在本节，你将看到一系列的清单。这些清单将帮助你评估自己典型的惯性思维模式。你会发现，在现实生活中，你的某些想法可能是没有意义的，也可能是没有必要的。然后你就可以考虑并研究这些想法是如何影响你的生活的，特别是在杏仁核的激活方面。记住，你不需要把杏仁核带入使你压力很大的情境。你可以学着通过减少杏仁核激活的想法收回控制权。

悲观主义

促使杏仁核激活的最常见的思维模式之一是悲观主义。在任何烦恼的事情真正发生之前，如果你倾向于期待最坏的情况发生，你就会产生一些可能激活杏仁核的想法和想象。阅读下列陈述，测量你的悲观心态程度，在符合你的选项上打钩。

☐ 当有人迟到，我通常会想他/她可能遇到了不好的事情。
☐ 我通常认为尝试是毫无意义的，尝试的结果都不会是好的。

☐当我向别人提出请求时,我更期待他们给予否定的答复。
☐当我必须完成某些事情时,我常常期待遇到困难。
☐为了做好准备,我会假设有一些事情会出现失误。
☐要不是我幸运,事情本不可能解决的。
☐我常常会为永不可能发生的坏事做准备。
☐我发现大部分人最后都会让你失望。
☐对我来说,尝试没有希望的事情是很难的。

如果你勾选了三项以上的选项,那么你有悲观主义心态的倾向。这种倾向可能会定期地激活你的杏仁核。当你期待情况变糟时,你的杏仁核会持续暴露在悲伤的想法和画面中。但你不需要根据这些期待来解释这些情况,你可以用其他思想代替这些思想。这样你就会经历更少的焦虑和悲伤。记住,你没法消除这些想法,你必须要用其他的想法替代它们。

应对悲观的想法可以使用下面的陈述:"我不知道接下来会发生什么","在设想之前,让我们一起等等看会发生什么",或是"无论发生什么我都可以解决"。这些想法就不太可能激活杏仁核。即使情况真的变得很糟糕,你也会减少与激活的杏仁核在一起的情况。你为什么会在真正经历消极事件之前就开始焦虑呢?

预期

你可能会经历的一种常见的思维模式是预期。你会花费大量的时间来思考将来的事，考虑不同的结果并排练你可能做会出的反应。虽然预期有助于计划，但是它可能会把大量的时间集中在潜在的问题上，将杏仁核暴露于可能永远不会发生的令人痛苦的图像和想法中。预期常常比所预期的事情本身更糟糕，请在下列符合你情况的选项上打个钩。

☐我经常发现自己会从不同的角度来考虑问题。

☐我很难阻止自己去想那些令我焦虑的事情。

☐无论希望多么渺小，我总是尝试着为不同的结果寻找解决方案。

☐我需要仔细考虑即将到来的情况，以便做好准备。

☐我经常为回应预期中的他人的批评（但是我并未收到）做好准备。

☐当一件大事即将发生时，关于它的想法会干扰我的睡眠。

☐我从不确定我是否为即将到来的活动做好了准备。

☐我知道我总是想着即将发生的事情，但这种做法似乎非常有必要。

☐当我做白日梦时，我总是梦到消极的事情而非积极的事情。

如果你勾选了三项以上的选项，那么你可能在过度使用预期以至于让杏仁核被不必要地频繁激活。你可能会从类似于"我已经想得够多了""我会挺过去的""一旦处于这种情况，我知道该做什么"这样的应对方式中受益。这种应对方式能够使你专注于现在正在发生的事情。这样你就可以停止对未来的思考。参加一些有趣的活动，这样你就可以享受每一天了。

读心术

有些人花了大把时间来试图弄懂其他人在想什么，希望能够取悦他人或是控制其他人的反应。虽然考虑他人的想法很重要，但我们很容易多想，并且更多地基于我们的担忧作出猜测。这种读心术能够提高杏仁核活化程度，因为它会把你的注意力集中在别人对你或与你有关的事情的批判或消极的想法上。当你试图确定另一个人在想什么时，你就会经常性地在缺乏任何真实证据的情况下作出错误的假设。要想确定你的读心术等级程度，请思考你是否符合以下这些情况。

☐我经常在脑海里听到他人对我的批评，即使他们什么都没说。

☐我经常在人们准备开口前，准备好我对于他们言论的回答。

☐我认为别人对我有负面的想法，并且对于他人的赞美，我会感到惊讶。

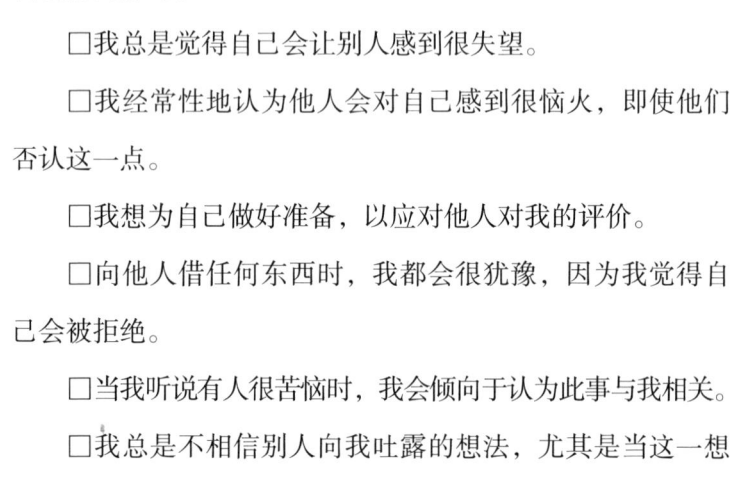

☐我总是觉得自己会让别人感到很失望。

☐我经常性地认为他人会对自己感到很恼火,即使他们否认这一点。

☐我想为自己做好准备,以应对他人对我的评价。

☐向他人借任何东西时,我都会很犹豫,因为我觉得自己会被拒绝。

☐当我听说有人很苦恼时,我会倾向于认为此事与我相关。

☐我总是不相信别人向我吐露的想法,尤其是当这一想法与我有关时。

如果你勾选了三项以上的选项,你的读心术倾向可能会导致杏仁核被不必要地激活。人类是社会性生物,所以我们经常会关注他人批评或拒绝我们的可能性。然而,当没有证据表明他人对你可能怀有负面想法时,用一些想法来代替原先的猜疑,你就能从中受益。类似的想法例如"如果不和他们讨论一下,我就不知道他们在想什么""我无法使所有人对我满意。不管怎样,这都不是我的本分"。你也可以问问自己:"别人真的这么说了吗?还是这只是我的猜想?"

根据你自身的感觉、经验、判断来做决定是最有益的,而不是不断地猜测别人的想法。有时,我们太过焦虑于取悦他人，甚至是那些我们不认识或不会再见面的人。虽然有些人需要我们的关心，比如我们的工作主管以及家庭成员，但我们真的没必要（也不可能）得到每个人的喜欢以及认可。你的许多猜想都会激活杏仁核，即使你的猜想是不正确的，或者他人的观点对你的生活几乎不会产生任何影响。

小题大做

还有一个能激活杏仁核的思维模式是小题大做，它包括把一个小挫折或小困难当作一个灾难来应对。当我们的期望没有达到或是出现某种问题时，我们感到失望或沮丧是正常的，但这不意味着我们的一整天都要被摧毁。如果你因被红灯拦住而发脾气，或是因花费了几分钟找不到钥匙而感到恐慌，你就已经将事情灾难化了。小题大做的想法，例如"我就要迟到了，别人会觉得我很不称职！"或是"我不能整天开车了！"就会激活杏仁核，因为它们传递的信号是非常具有危险性的。思考以下选项，看看你是否有这些倾向。

☐ 当某件事出了问题，我往往会想到最糟糕的结果。
☐ 我往往会对小挫折做出过度反应。
☐ 当我在某一件事上遇到障碍时，我经常想要放弃。
☐ 当某种东西坏了，我往往会将其视为灾难。
☐ 我经常觉得自己连一件出错的事都应对不了。

☐当有一个人犯错影响了我时，我时常会感到恼怒。
☐我承认我经常会小题大做。
☐我注意到其他人能够比我更加冷静地解释问题。
☐别人告诉我，我对小困难反应过度。

如果你勾选了三项以上的选项，你就很可能有小题大做的倾向。为了让杏仁核平静下来，你不妨用更加现实的想法来替代灾难性的想法，比如"被困在红绿灯前只会让我晚到一分钟，我能够应对它"或是"这并不是最糟糕的事"。下一次当你遇到想要小题大做的困难时，深呼吸并给自己一些时间来调整。当你对接下来的一天充满希望时，尽量不要妄下定论说一切都输了。

完美主义思维

虽然你可能没有意识到，但完美主义思维也会激活我们的杏仁核，让我们处于一种持续的恐惧状态：害怕不完美。当我们坚持完美主义的标准时，杏仁核学会了将错误和不完美视为威胁。然而，没有人是完美的。完美主义者会创造一个不可能达到的标准。我们都不可避免地会失败、搞砸或遇到挫折。完美主义会导致自我批评和失望在我们的杏仁核中创造危险感。查看以下陈述，考虑你是否有完美主义思想的倾向。

☐我很难承认或者接受我的错误。
☐我相信有最好的做法，所以我不想妥协。
☐我试图以非常高的标准要求自己。
☐对自己期望很高，不允许任何借口。
☐我想要每天都做一个细心、认真、勤奋的人。
☐我希望自己在所从事的一切中都能获得高成就。
☐我很少对自己的表现感到满意。
☐很难原谅自己的错误，即使是小问题也会困扰我。
☐我希望自己在大多数情况下比别人表现得更好。

如果你勾选了三项以上的选项，你的杏仁核可能就会被频繁的激活，因为每天你都有可能无法达到完美主义标准。我们中的许多人从小就相信我们应该尽力而为，这其实等同于完美主义。这是一种令人筋疲力尽且不合理的理想。通常，完美主义总要不断超越他人、正确做每件事，并且比其他人知道更多。它伴随着对一个正常、不完美的个人的完美无瑕的期望。这简直是不可能的。现实情况是，我们都有优点和缺点。此外，我们并不总是需要尽力而为。如果你在执行每一项任务（例如，刷牙、整理床铺、准备早餐）时都付出 100%，那么在一天结束时，你就会因持续的压力而筋疲力尽。选择在自己最擅长的事情上做到最好，你会更健康。

也许，能取代完美主义的思想最明显的应对方式就是，简单提醒自己"人无完人"。当你发现自己在批评自身的不完美或错误时，就应该让自己摆脱困境，并说"我有天赋和技能，但我不可能完美。将错误和不完美视为人类正常的一部分是健康的"。

认知融合

当我们把自己的想法看得太重时，我们就会与他们"融合"，以至于很难将它们与现实分开。这意味着，我们正在经历认知融合。我们焦虑，仅仅思考某件事就意味着它肯定会发生。例如，有人可能认为他们的伴侣在欺骗他们，然后相信这种担忧是真的。然而，人们脑海中出现随机想法实际上是很常见的，但高估这些想法的重要性就会产生问题。例如，有人会想在高速公路半挂卡车前开车会有致命性的危险。但其实大多数人都会有这样的想法，有这些想法并不意味着他们有自杀的危险。这里有一些选项，可以帮助你确定，你是否经历过认知融合。

☐ 当我有担忧时，我经常认为我的焦虑很有可能成真。
☐ 我认为我的焦虑清楚地表明了问题。
☐ 我的有些想法真的吓到我了。
☐ 我经常焦虑我会按照自己的想法行事，即使我不想这样做。

- □ 当我认为有些事情会出错时，通常意味着它会出错。
- □ 我担心某些具体想法的意思，以及我会因此而做什么。
- □ 如果我认为自己不能做某件事，我知道最好选择放弃。
- □ 当图像涌入脑海时，我不禁认为它们会成真。
- □ 我认为认真地对待我的想法很重要。

如果你勾选了其中三个以上的选项，你可能会有高估你的想法的倾向。这意味着当没有危险的证据时，你的杏仁核也容易做出反应。为了应对认知融合的影响，切记不要接受未经验证的想法。与其从表面上看它们，不如问问自己，"有什么证据支持这种想法？"，提醒自己，仅仅有一个想法并不意味着它会实现。把你的想法贴上"只是个想法"的标签，例如："我有我会失败的想法，但这并不意味着我会失败。"试着观察你的想法，并以健康的怀疑态度对待它们："虽然我知道这个讨厌的想法，但我没有理由相信它""这是激活我杏仁核的想法"。提醒自己，这些想法在过去是错误的。

应该

你为自己设定目标的方式也会影响杏仁核的激活。当你按照"应该"的方式制定目标时，你就是在给自己施加压力，而这不是改变所必需的。这些"应该"陈述以思考需要正确行事的方式出现("我应该始终对我的孩子保持耐心,永远不要发脾气")或成为一个更好的人("我应该更有条理")。内疚感通常源自专注于特定行为的陈述,而羞耻感则来自应该关注人固有的缺陷感的陈述。

这些陈述会增加内疚和羞耻感,它们通常也会增加痛苦,而不是支持改变过程。如果"应该"陈述集中在一个人做了客观上错误的事情("我不应该在激烈的争论中对我的朋友说伤害性的话"),那么随之而来的内疚有助于鼓励这个人寻求宽恕、纠正行为,并承诺不再犯错。但是,当内疚来自不切实际的自责或刻板的高标准时,内疚可能是不健康的。那些引起羞耻感的"应该"陈述从来都是不健康的,因为它们只会让你认为自己毫无价值或有无可救药的缺陷,而没有提供明确的方法来解决问题或让自己感到更积极。考虑以下陈述,看看你是否有"应该"的倾向。

☐我知道应该成为更好的人。
☐我经常告诉自己我应该做什么或我应该如何做。
☐虽然我没必要将"我应该"大声说出来,但我经常对自己说。
☐当我伤害了别人的感情时,我也会自责。
☐我对自己有很高的期望。

☐设定目标时，我会对自己非常苛刻。

☐我往往对自己比对其他人更严格。

☐我讨厌自己觉得我让别人失望了。

☐我很难对别人说不。

☐我经常怀疑别人对我很失望。

☐如果有人想要什么，那么他们很容易让我为他们做这件事。

☐我为自己成为这样的人感到羞愧。

如果你勾选了三个以上的这些选项，你的杏仁核可能会经常被"应该"的陈述激活，这会让你觉得你没有达到某个标准。但是，这个标准是从哪里来的？很多时候，我们对自己设定了不合理的期望，这只会让我们更焦虑、更内疚和更羞耻。虽然期望确实可以激励你改善自己和与他人的关系，但当你不断地用"应该"要求自己时，你就会陷入内疚和羞耻感中，这将激活杏仁核并增加你的痛苦。如果你陷入这个循环，那么你首先需要考虑你是否应该遭受杏仁核正在创造的痛苦。你们中的一部分人可能会认为停止痛苦是错误的。但是，好好想一下，内疚和羞耻感是为你和他人带来有益的结果了，还是让你陷入无用的痛苦循环了？

克服"应该"陈述的一种方法是用偏好陈述代替"我应

该"，例如"我想要""我宁愿它，如果……""我想"。这些陈述不那么情绪化，不会让你陷入焦虑、内疚、失望、沮丧和羞耻的循环中。例如，与其通过"我应该多锻炼"来责备自己，不如使用偏好陈述"我想多锻炼"。

此外，如果你发现你"应该"对一些健康的标准做出反应，例如，也许你没有像你希望的那样善待别人，那么你依然可以在做出补偿中获益，然后练习专注于现在和未来："我能做的最好的事情就是致力于在今天和将来从事更好的行为""内疚和羞耻让我专注于过去"。我今天想做什么来改变其他人的生活？你也可以努力放下内疚和羞耻感，用偏好陈述代替"应该"陈述，例如，将"当我那样做时，我无意造成了伤害"换成"我不是造成这种情况的唯一原因，其他人的决定和行动也发挥了作用"。

痛苦的画面

不仅是某些思维模式会激活你的杏仁核，有些人还倾向于把威胁的、痛苦的画面可视化。这同样会引起杏仁核强烈的应激反应。事实上，杏仁核可能对负面图像的反应比对想法或焦虑来得更激烈。记住，杏仁核通常会对威胁情境的想法做出反应，就像它暴露在实际情境中一样，而视觉图像会激发更强烈的反应。视觉图像能力来自右脑，所以如果你有创造性想象力，可以想象各种事件和场面，那你可能非常擅于用图像来激活杏仁核。阅读以下语句，看看令人痛苦的图片是否是激发你的杏仁核的一种常见方式。

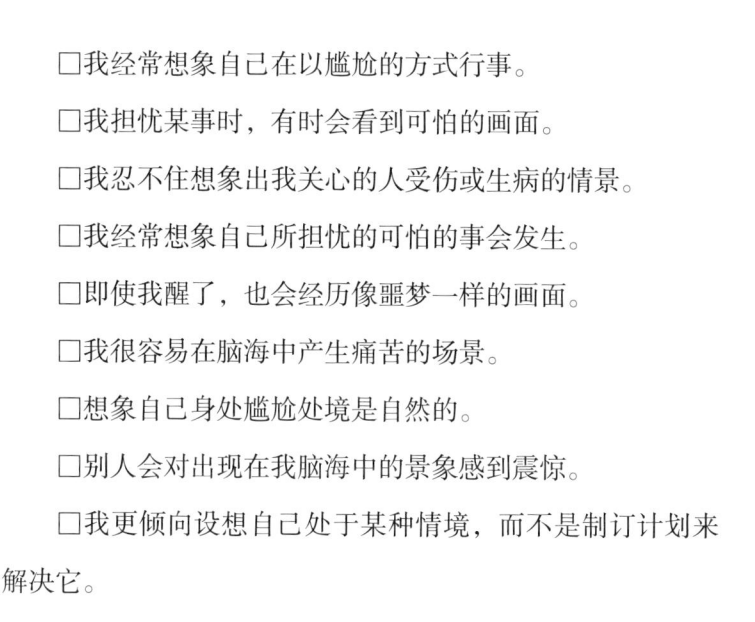

☐我经常想象自己在以尴尬的方式行事。
☐我担忧某事时，有时会看到可怕的画面。
☐我忍不住想象出我关心的人受伤或生病的情景。
☐我经常想象自己所担忧的可怕的事会发生。
☐即使我醒了，也会经历像噩梦一样的画面。
☐我很容易在脑海中产生痛苦的场景。
☐想象自己身处尴尬处境是自然的。
☐别人会对出现在我脑海中的景象感到震惊。
☐我更倾向设想自己处于某种情境，而不是制订计划来解决它。

如果你勾选了三个以上的反应，那么痛苦的画面很可能使你的杏仁核处于激活状态。为了防止自己生成这些图像，你可以试着有意识地想象自己身处积极或轻松的情境中，以积极的景象来替换消极的景象。你也可以利用大脑左半球的应对想法来解决这种情况，比如"这些猜想没有证据时，不要想任何事情，它只会产生压力"，或是"找一些事情来集中精力。这些图像没有任何好处"。你还可以专注另一项任务或观看能使你专注其他图像的电视节目来分散注意力。

追踪激活杏仁核的想法

你刚刚已经探索了各种思维模式，了解了即使你没有真正身处危险情境下，也会触发杏仁核的应激反应。现在是时候审视你自己的生活了，识别能够引起应激反应的情境，并考虑这些情境是如何激活杏仁核的。你可以使用章后的工作表 12-1 来探索大脑皮层是如何通过解释特定情境来激活杏仁核的。

工作表 12-1 可以促进你思考大脑皮层的解释会帮助到你还是会造成问题。例如，当杰基认为自己知道图书管理员在想什么时，她意识到自己在读心。她没有证据证明他们会严厉地批评她，或者发现她有阅读障碍。她意识到这些想法会对她的杏仁核造成很大的恐惧，于是她努力用应对想法来代替它们，如"给图书管理员一个机会"和"不要害怕图书管理员"。她也提醒自己，"阅读障碍没什么好羞愧的"，并鼓励自己说，"去图书馆是我的一个目标，它会帮助我受到更多的教育"。她发现，有了这些想法，就能不再逃避图书馆了。当发现图书管理员是那么热情好客、乐于助人时，她松了一口气。

对抗激活杏仁核的思想

如果你发现你需要额外的工具来对抗激活杏仁核的想法，章后的工作表12-2可能会对你有所帮助，特别是如果这些想法正让你气馁或干扰你的能力时。当你只有很少的证据来支持大脑皮层的解释时，你要质疑激活杏仁核的想法，并用更有效的应对想法取而代之。当你尝试去告诉杏仁核这个情境是安全的时候，工作表12-2中的提示鼓励你使用逻辑和推理以确保你的想法没有激活它。以下是一个完整的示例。后附一个空白模板供你使用。

既然你知道杏仁核是如何监测和响应大脑皮层中发生的事情的，那么你就可以理解你的想法的重要性了。你已经知道某些想法可以激活杏仁核，并且你已经在自己的大脑中发现了其中一些想法。这些想法并不一定反映现实，但它们肯定会吓到杏仁核。通过继续练习识别这些想法并用更有用的应对想法取而代之，你就能驯服你的杏仁核。

工作表 12-1

追踪激活杏仁核的想法

首先选择一个容易使你产生与应激反应有关的焦虑或痛苦的情绪的情境。这一做法对你选择一个与你在第三章所确定目标相关的情境很有帮助。你可以按以下步骤操作：

1. 在图表的第一栏（情境）中，简单描述你所选择的情境。

2. 跳到第三栏（杏仁核激活的迹象），写下你所体会的感觉、情绪或冲动以描述你的杏仁核在这种情况下的反应。复习第五章提示的答案，以及你在应激反应指标上所做的标记。这可能会有所帮助。

3. 现在专注于第二栏（导致杏仁核激活的解释），写下你认为大脑皮层在这种情境下可能会导致杏仁核激活的想法。记得考虑到你的某些思维倾向：悲观、预想、读心术、小题大做、完美主义思维、认知融合或者痛苦的画面。

4. 确定杏仁核焦虑的这些解释会有什么后果，思考杏仁核从大脑皮层所获取的信息。你是否高估了杏仁核在这种情境下的危险性？

下一页是完整图表的例子。后面那个空白的图表供你使用。

第十二章 识别激活杏仁核的想法

情境 ➡	导致杏仁核被激活的解释 ➡	杏仁核被激活的迹象
去公共图书馆	·他们会认为我没受过教育 ·我看起来很傻 ·我为自己的阅读障碍而感到羞耻 ·图书馆让我想起我不擅长的事	·颤抖 ·紧张 ·恶心 ·想要离开 ·无法清晰思考

　　在这种情况下，因为我的想法，我的杏仁核反应就像是以下危险会发生一样：
　　·图书管理员会批评或者取笑我。
　　·大家都会知道我有阅读障碍症。
　　·我会在某事上失败。
　　　　　　　不要吓到你的杏仁核！

情境 ➡	导致杏仁核被激活的解释 ➡	杏仁核被激活的迹象

　　在这种情况下，因为我的想法，我的杏仁核反应就像是以下危险会发生一样：

　　　　　　　不要吓到你的杏仁核！

工作表 12-2

对抗激活杏仁核的思想

若要养成挑战激活杏仁核的想法的习惯,请阅读以下示例。该示例将引导你改变痛苦的想法并用更有效的应对想法替换它。你可以使用下一页的空白模板,练习将这些步骤应用于你自己身上。

激活杏仁核的思想	当我参加聚餐时,我会说一些让人们嘲笑或批评我的话
这事曾经发生过吗?多少次?情况如何?	这事曾经发生过。那是在高中的时候,有好几次。我在这样的集体环境中被嘲笑和批评过
有证据表明这种情况可能发生(或不会发生)	这里的人往往对我很友善。因为我知道这一点,所以我为此步骤选择了此位置
发生这种情况的实际概率(0%~100%)	我想我可以对我说的话保持谨慎,因为他们是善良的,所以概率只有 5%~10%
如何应对?	如果有人笑或批评,那我可以嘲笑自己,也可以听他们说"这是一个很好的观点"
应对思想	我不必完美,我可以处理可能的批评。我只需要留在那里渡过难关,我就会成功

第十二章 识别激活杏仁核的想法

激活杏仁核的思想	
这事曾经发生过吗？多少次？情况如何？	
有证据表明这种情况可能发生（或不会发生）	
发生这种情况的实际概率（0%~100%）	
如何应对？	
应对思想	

第十三章

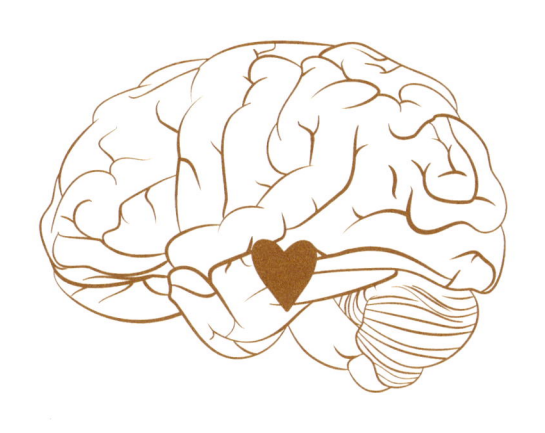

如何正确地使用焦虑？

理解焦虑是驯服杏仁核的关键。焦虑就是在某种情况发生之前思考其潜在的负面结果的过程,它聚焦于可能发生的负面事件、可能出现的问题,以及可能伤害你或是使你感到尴尬的情况。焦虑主要出现在眼窝额叶皮层,它是我们眼后额叶的一部分。大脑的这一部分帮助我们思考可能发生在某一情景中各种各样的结果(好坏都有)。因为大脑皮层非常具有创造力和想象力,我们甚至可能会焦虑一些从未见过的事情。这种预料可能发生的事情,甚至将其可视化的能力为人类所特有。你需要具备人类大脑皮层的特性才会产生焦虑。

在本章中,你将了解人类历史上焦虑的根源,以及大脑中焦虑的基础。你也会学到如何以有益的方式使用焦虑,以及如何防止激活杏仁核来避免焦虑占据你的生活。如果你不知道如何正确地使用焦虑,那么它会让你持续焦虑和痛苦。有了正确的工具,你就可以使用它的力量。

焦虑的演变过程

让我们从史前时代开始。我们的祖先并不是总会在大脑皮层中产生焦虑回路，但是随着他们的额叶开始发育——变得越来越大，越来越复杂，古代的人们就拥有了预见的能力。这是一种典型人类特征，具有适应性优势。例如，人类会学着预测天气何时会变冷以及这样的变化会导致的情况。（例如，他们的水可能会结冰，他们的庇护所可能会不够。）在某种程度上，人类会通过他们对过去经历的记忆来形成对未来的期许，从而发展这种能力。但更令人印象深刻的是，他们培养了能够想象到从未经历过的事情的能力。通过利用额叶的计划能力，人类就能够计划和执行令人惊叹的活动，比如种植食物、制作衣物和建造桥梁。这些预测、想象和计划的能力造就了许多人类了不起的成就。但我们的故事才刚刚开始……

这里举一个例子来阐明焦虑回路是如何在人类中发展成一种有用的能力的。想象一下，一个史前的妇女在一条溪边建了一个小屋，她觉得小溪边是一个很好的位置。她可以很容易弄到水和鱼。但是有一天，暴雨降临，妇女看到溪水猛涨。由于这个妇女大脑中有焦虑回路，她可以想象到溪水暴涨到冲走她的小屋。这个想象激活了妇女的杏仁核，导致她产生了防御反应。但是由于她会计划，这个妇女在远离溪边的地方建了一个新的小屋。在那里，她和她的家人就会安全。如果她没有这个焦虑回路来预想潜在的危险，她和她的家人就不能在水灾中幸存下来。

就像这个故事里展示的，焦虑的能力是具有进化优势的。这就是为什么现代人很可能是会焦虑者的后代：那些担忧潜在威胁的人更有可能比什么都不焦虑的人活得久。我们中的大多数人遗传了成为一个出色多虑者的能力。这一点也就不足为奇了。但是如果你能仔细思考这个故事，你就会意识到如果只是单纯的焦虑并不会帮助到这个妇女。如果她只是焦虑，那么她就会感到悲伤。这样是不可能帮到她和她的家人的。她想到了计划并采取了行动，她和她的家人才有可能存活下来。

因此，如果你有焦虑的倾向，那它只会在你知道如何正确使用焦虑时才起积极作用。焦虑会让你对潜在的问题有警惕心，但只有你实施计划才能解决问题。一旦你做出计划并采取行动，焦虑才会起到正向作用，之后你也不再需要它。不幸的是，很多焦虑的人不知道怎样有效地使用焦虑，导致他们被困在焦虑和悲伤中，而且会遭受杏仁核被激活后产生的不必要的痛苦。

评估焦虑

你认为自己是一个焦虑者吗？由于焦虑者很容易想到事情会出现差错，所以他们通常都会意识到他们的担忧。但是，如果你不确定你是不是一个焦虑者，那请阅读这些陈述，并在能准确描述你的陈述上打钩。

☐我经常认为事情会往坏的方向发展。
☐每当我计划一件事情时，我总会设想可能会遇到的问题。
☐当事情进展顺利时，我依然会设想可能出现的问题。
☐我总是倾向于做最坏的打算。
☐我知道是我想太多，但是我没有办法停止。
☐有的时候我的焦虑会击垮我，让我没法集中精力做一件事。
☐我总是有焦虑不完的事情。
☐尽管有很多情况会使我感到焦虑，但最后这些情况的结果都是好的。
☐我完成一件事情后，就开始焦虑其他我要做的事情。

如果你勾选三个以上的选项，那么也就是说，即使在目前没有任何危险的情况下，你频繁的焦虑可能也会使杏仁核保持一种持续被激活的水平。讽刺的是，仔细分析情况会减轻你的部分焦虑，这是因为分析过程会转移你在悲伤想法上的注意力。然而，在大环境下，以焦虑为中心的思想可能使杏仁核保持激活状态，从而使你不能冷静放松。这就是为什么当你一直关注于一件消极事件（不管它是否发生），你的情绪反应时间会变长，使负面情绪持续的时间超过事件本身持续的时长。当你想要弱化大脑皮层产生焦虑的回路时，你反而会使他们更有可能被激活。

减轻焦虑的一大挑战就是：很多人认为，在一定程度上，他们的焦虑是有帮助的，有保护作用的。有一次，我和一个认为自己焦虑多年的客户一起工作，我鼓励她减少对孩子们的焦虑（她的孩子们现在已经三四十岁了）。她说她甚至不愿意尝试，并解释说："几十年来，我一直都在焦虑，但是什么也没发生。可是如果我停止焦虑，我怎么知道他们是安全的呢？"你可能也有相似的倾向，认为焦虑是具有保护作用的。看看你是否符合下面几个陈述。

☐ 说实话，当我感到焦虑的时候，我感觉更好。
☐ 一旦我开始焦虑，持续下去就变得必要了。
☐ 如果我不去焦虑，那我觉得我的焦虑很有可能会变成真的。
☐ 在无能为力的情况下，我依然会焦虑。
☐ 尽管事情进展顺利，我仍然觉得焦虑看起来有帮助。

☐我相信我的焦虑有帮助到我。

☐当我焦虑的时候，我会感到不明原因的安全感。

☐我感觉我的焦虑曾保护过我或我爱的人。

☐对我来说，焦虑是一种莫大的宽慰。

如果你勾选超过三项的选项，那么你就是更倾向相信焦虑是更有帮助的而不是有害的。人们相信他们的焦虑可以防止不好的事情发生，这是认知融合的一种形式。他们可能会错误地认为，当他们焦虑的时候，任何事情都不会出错。然而，这个观点更有可能反映了这样一个事实，即他们所担心的事情从一开始就不太可能发生。焦虑应是和会发生的情况相联系的，但是实际上，很少如此。因此，频繁的焦虑只会导致许多身体和情绪上的不良后果，而不会有所帮助。事实上，焦虑担忧者很难感到放松，而且他们甚至可能会承受高血压或者其他心脏上的影响抑或是消化系统上的问题。

记住，焦虑的好处不是焦虑本身，而是焦虑（刺激杏仁核激活反应）引起我们注意潜在的问题，让我们有机会制订计划来解决潜在的困难。焦虑本身不能解决问题。如果没有计划，焦虑就失去了它的意义。因此，你需要确保你能正确使用焦虑。

控制住你的焦虑

要让焦虑为你所用,而不是对你有害,第一步就是你要意识到你正在焦虑。我们常常在无意识的情况下开始担忧。一旦你意识到你在担忧某件事,提醒自己以最有利的方式去焦虑。焦虑会让你承担激活杏仁核的压力,所以你要让它物有所值。然后,你要确定你的具体担忧是什么,并通过将注意力转移到制订恰当的计划上来,限制你在焦虑上所花的时间。比如,山姆焦虑会忘记支付他的物业账单,那么他就应该细化他主要关心的问题(即账单还没有付),并制订一个计划来摆脱他的担忧(比如检查他的银行账户或是打电话给电力公司来确认账单是否已经支付,如果未付,就即刻付款)。

你可以使用图 13-1 中的流程图作为指导。在图片的顶部的方框中,第一个箭头提醒你需要远离担忧,并制订一个能够帮助你预防、纠正或应对这种情况的计划。第二个箭头提醒你,一旦制订了计划,你就继续你接下来一天的流程,不需要一直焦虑。如此一来,你就能够专注于其他事情,过好你的生活。

然而,焦虑往往是复杂的,并不总是有明确的解决方案。如果你焦虑的事具有一定程度的不确定性,而你想知道计划是否合适,那么答案是肯定的。如果需要的话,你仍然可以制订一个计划,即使你可能不会执行它。比如,海伦想在附近烧烤，但她很焦虑邻居斯坦利的行为。斯坦利经常酗酒，变得令人讨厌。海伦不确定斯坦利是否会来，她也不确定他是否会喝醉，但她一直想着这个糟糕的情景可能会发生在她的后院。海伦和她的丈夫尼尔商量，他们一致决定，如果斯坦利来了，尼尔就密切地监视他；如果有麻烦，就尽快护送他回家。有一个恰当的计划使海伦能够放下焦虑，专注于准备以及享受即将到来的派对。他们不知道他们是否会用到这个计划，但仅仅只是有了这个计划，就能让海伦继续接下来的安排。

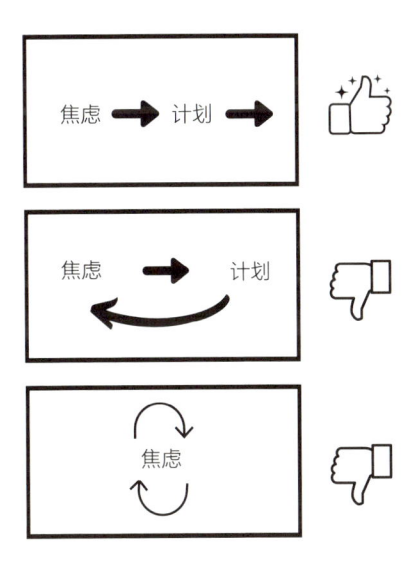

图 13-1 利用焦虑的方式

在图 13-1 中，你会注意到另外两种常见的利用焦虑的方式，但往往适得其反。图中的第二个方框显示，一些人错误地认为，一旦他们制订了计划，他们就应该回归到焦虑的状态中，然而，回到焦虑的状态是不必要的，也是无益的。它只会毫无意义地激活杏仁核。

你已经制订了计划来应对潜在的问题（它可能甚至不会发生）。记住，第二个箭头告诉你要继续接下来的流程，即使你没有执行你的计划，而只是把它记在心里，以防万一。如果你发现自己又开始焦虑了，就要提醒自己，"我有个应对它的计划"，然后继续前进。

许多客户都有一种焦虑模式，他们会问我这样一些问题，例如"要是你焦虑这个计划，你会怎么办？""要是你认为这个计划没用，你会怎么办？""要是计划有误，你会怎么办？"。你应当意识到这些想法是对这个计划的担忧。因为解决焦虑最好的方式就是提出一个计划，所以如果你对原始计划心存怀疑，那么你可能需要修改计划或想出一个备份计划。然而，一旦你想出一个替代方案，那么你就要继续前进。不断地修改计划会使你陷入焦虑的怪圈中。你只需要一个计划，而并非一个完美的计划。你不需要百分百地相信这个计划有用。代替计划只需要给你一种感觉，即如果事情发生了，你能够解决这件事情，然后继续享受你的一天。

最后，图13-1中的第三个方框说明了一种趋势，即许多人不得不在一个又一个的担忧中循环，提出令人痛苦的场景，但却从未将他们的注意力转移到制订计划上。因此,这种情况是无解的。记住,焦虑本身没有什么好处。正如焦虑症专家里德·威尔逊用智慧的语言阐述的那样,"焦虑应该只是解决问题的触发器。它不该持续很长时间"。没有计划,焦虑不会产生有用的结果,只会让自己遭受不必要的紧张和痛苦。切莫重复地使你的杏仁核陷入痛苦的想法之中。提醒自己远离焦虑,制订计划,然后继续前进。

对于特定的一种焦虑,我在此提醒一下:有时我们所担忧的事情不过是生活中正常的方面。我们需要接受它,因为我们无法控制它。如果你焦虑做了一些不完美的事情或是不知道(或是无法控制)在某种情况下会发生什么事情,那么这种焦虑是无法解决的。没有一个计划能让你变得完美或是能让你完全确定或把控生活。对于像"有些人可能会发现我有恐慌症"或是"我无法阻止我的妻子和我离婚"这样的焦虑,你的计划不应该聚焦于阻止这些事情发生或是改善目前的情况。相反,你的计划必须集中于制定应对策略。当令人担忧的情况发生时,你需要制订计划:"我会通过……应对那些发现我患有恐慌症的人。""我会通过……来解决离婚的问题。"也就是说计划需要回答"我该如何解决"这一问题而不是回答"我该如何阻止事情发生"这一问题。

如果你很难改变焦虑的习惯,那另一种方式可能会对你有所帮助,即焦虑具有建设性的事情,而不是不必要的事情。

如果你很难减轻焦虑，那不妨从设定一个专门的焦虑时间段开始。每天安排一个特定的时间（但不是在睡觉前），在这段时间里，你可以让自己随心所欲地焦虑。一个小时是我允许的最长时间，如果可能的话，我建议你把时间限制在 30 分钟内。刚开始，你甚至可以安排一个小时以上的焦虑时间，随后，减少到每天一个小时，然后逐渐减少，直到把焦虑赶走。

如果你发现自己在一天中的其他时间都在焦虑，就提醒自己，"这不是该焦虑的时候。我会把这些烦恼留到下午 2 点的焦虑频道里"。你可以简单地写下在焦虑时间段之外的任何烦心事。如此一来，之后你就会记得去处理它。然后，关闭焦虑频道，专注于其他想法或是活动。事实上，分散注意力是改变焦虑频道的最好的方式之一。通过将注意力集中于具体的、吸引人的任务上，例如爱好、锻炼、娱乐活动甚至是工作，你就会发现自己用于焦虑的时间越来越少。

这一策略能帮助你更好地控制焦虑，这样你就能够更有效地打开和关闭它。然而，你不需要永远保持预定的焦虑时间。最终，你能够回到不那么结构化的担忧之中，你就有希望更好地控制自己的能力，把渠道转向其他类型的担忧思想和活动。有时，最难的部分就是让自己专注于除烦恼以外的其他事物，允许自己尝试想不同的东西。一旦你能够将注意力从焦虑上转移，你可能会惊讶地发现你的杏仁核平静地多了。你可能也会惊讶地发现，当你不在焦虑和激活杏仁核这一过程中循环时，你会具有多少能量。焦虑会让人筋疲力尽。

希望本书能使你以一种新的方式来看待焦虑。我希望你能意识到当你的大脑皮层被调到焦虑频道时，这不会帮助你驯服你的杏仁核，也不会帮助你完成任何事情，除非你能通过一个计划来正确地使用你的焦虑。一旦你有了计划，请确保你能够过好一天中剩余的时光，并将注意力转移到其他事情上（记住，如果必要的话，你可以在预定的时间内，回归到焦虑之中）。即使焦虑的情况还没有被解决，你仍可以通过锻炼、深呼吸和分散注意力来减弱它。

结语　找回你的生活

恭喜你！通过使用这本书，你已取得了不少成就。现在你对大脑是如何产生恐慌和焦虑的有了更好的理解。你已经了解了导致焦虑的两种神经通路，以及杏仁核在各自通路中所起的核心作用。现在你已准备好向自己所选的目标前进。不要让杏仁核阻碍你过想要的生活。

即使克服杏仁核的影响并不容易，你也可控制你的杏仁核，使自己重新坐在驾驶座上。你也学会了让杏仁核冷静的策略，如充足的睡眠、规律的运动、练习放松。另外，你也意识到不需要太过认真地对待杏仁核的保护反应，与其让恐惧、焦虑和担忧控制你的生活，倒不如带着达成目标的决心度过这些经历；认识到原始的战斗、逃跑和木僵反应在我们的现代世界并不总是有用的。记住，当你让杏仁核来决定什么对你来说是最好的——跟随它的冲动去逃避、撤退和寻求安全感之后，你的生活会变得受限和没有成效。

勇气是不惧恐惧而采取行动，而不是全然不惧。以你对杏仁核运作方式的新理解，你可以观察到你身体里正在发生的事情。你应把它作为一个正常的过程来接受，并知道它会过去的。你了解了如何利用暴露过程来减少杏仁核对诱发刺激的反应，以及如何改变大脑皮层思考、焦虑的模式，来防止杏仁核被频繁激活。你可以教会杏仁核后退、停止过度保护,这样你就可以过自己的生活。

最重要的是,让对宁静的追求成为你的向导:知道你可改变杏仁核的程度,接受你所不能改变的部分。你无法控制应激反应的某些方面。有时为了达成目标,你的生活需要焦虑。有了把握生活的工具与勇气,你就能做出改变,让生活变得更满意、更愉快。我所期望的是,你会以坚定的决心、愉快的心情来追寻目标,并珍惜自己所创造的生活。

致　谢

♥

本书献给三位女性，她们通过实例教会我很多关于杏仁核的知识。

首先是我的母亲，玛丽·安·萨芬，在我孩提时，她小心翼翼地向我隐瞒了她的恐惧，因为她不希望我恐惧。她勇敢地面对自己觉得很可怕的各种情境，但我当时并不知道。正因为她，我不会害怕到湖里或去图书馆。尽管她对杏仁核一无所知，但是她驯服了自己的杏仁核，培养了自己孩子的勇气。

其次，我要感谢我的妻子维多利亚·鲍尔斯，是她最先鼓励我为PESI（一个致力于提供继续教育的非营利组织）写这本书。我写书稿时，她任劳任怨，无数个日日夜夜安静地陪在我身边。薇姬（维多利亚的昵称）曾是孤儿，并经受多重童年创伤，但最终挺了过来，并在十几岁时就加入了皇家空军。她每天尽其所能地激励我克服痛苦及战争相关创伤后应激障碍。尽管她经受了一切，但仍保持温和、富有同情心。

最后，我想感谢一位非常特别的客户，此处我不愿透露她的名字。她一直以非凡的毅力和优雅的风度忍受着癌症和帕金森症的折磨，专注于学习如何克服痛苦、焦虑以及她的身体状况所带来的种种不便。她一生与人为善、关心他人。这三个女人激励着我，让我知道，那些可以超越恐惧、不让杏仁核控制他们生活的人能够取得非凡的成就。